マイナビ新書

IoTは“三河屋さん”である

IoTビジネスの教科書

児玉哲彦

マイナビ新書

はじめに

この本を手に取った皆さんは、ＩｏＴ（アイオーティー）というキーワードに関心があるものと思います。この10年間社会のイノベーションを牽引してきたスマートフォンが減速する中で、ＩｏＴは次の大きなイノベーションの種として期待されています。

ドイツが官民を挙げてＩｏＴ技術に基づく産業の革新（インダストリー４・０）を推進しているといったニュースや、ソフトバンクグループが10兆円規模の投資ファンドを組成しその主な投資対象をＩｏＴ関連とするという発表などを目にされた方も多いでしょう。

このように大きな注目を集める一方で、ＩｏＴとは実際のところなんなのか、どのようなビジネスを生み出すのか、具体的にイメージできるという方は少ないのではないでしょうか。

ＩｏＴというと、「インターネットに接続された家電製品」などを考える方もいるでしょう。しかし、そういった製品が今のところ大ヒットしたという話も聞きません。以前からＩＴ産業に関わられている場合には、２０００年代に話題になった「ユビキタスコンピューティング」というコンセプトを思い出すかもしれません。

ユビキタス（ラテン語で「どこにでもある」を意味する言葉）コンピューティングは、ＩｏＴと同じくあらゆるモノや場所にコンピューターを埋め込む技術の総称で、より便利で効率的な環境を実現すると大きく期待されました。ところが実際に出てきた技術や製品が広く社会に普及することはありませんでした。

筆者はアイフォーン（iPhone）が発表された当時、ユビキタスコンピューティングの研究者でした。しかし、アイフォーンとそれに続くスマートフォンの発展を驚異的に感じ、スマートフォンアプリ事業に飛び込みました。研究の道を離れてビジネスに取り組む中では、さまざまな失敗や成功を経験してきました。
その中で、かつて研究していたユビキタスコンピューティングがなぜ社会に普及しなかったか、スマートフォンやウェブのような成功した技術は何が異なっていたのか、その差を肌で実感してきました。

読者の皆さんの中には、製品を作っているメーカーの方がいると思います。残念ながら、皆さんの製品を「ＩｏＴ対応」しても、おそらくその製品がヒットすることはありません。

一方で、ＩＴとは全く関係のない事業に関わっている方もいらっしゃるかと思います。それがどのような産業であれ、数年のうちにはＩｏＴ技術を用いた事業者との厳しい競争にさらされ、場合によっては業界の中での現在の地位を奪われてしまう可能性も大いにあります。

そう断言できる理由は、ＩｏＴとは「ＩＴ産業の競争原理をＩＴ以外の産業に持ち込む技術」だからです。製造業であれ、その他の産業であれ、これまでとは全く異なる競争原理を持った競合にさらされることになります。

本書を通して、ＩＴ産業の競争原理を説明し、それが他の産業をどのように変えてしまうか、その姿を描いてみようと思いました。その結果浮かび上がってきたのが、意外に思えるかもしれませんが、大量生産／大量消費以前の事業者と顧客の緊密な関係——三河屋さんのような——でした。

筆者が子どもの頃、鎌倉にある祖父母の家にはまだ出入りの居酒屋さん、いわゆる「三河屋さん」がいました。実際に見たことがないという方でも、「サザエさん」の磯野家に御用聞きにくるサブちゃんには覚えがあるでしょう。

かつて私たちは多くの商取引を、そのような顔の見える関係性のある相手と行ってきました。しかし、20世紀の終盤に差し掛かると、大量生産された商品や、マスメディアや、コンビニやチェーン店のような流通システムが広く行き渡りました。その結果、三河屋さんのような顧客と親密な関係を持った事業者は、都会を中心として姿を消してゆきました。

本書で伝えたいことはたったひとつ――ＩｏＴとは、「21世紀の三河屋さん」を実現する技術だということです。

本書を読んだ皆さんが、ＩｏＴがもたらす産業へのインパクトを正しく理解し、顧客とのより緊密な関係を築き上げることでこの変化の時代を乗り切る一助となることを願っています。

IoTは〝三河屋さん〟である

IoTビジネスの教科書

目次

第3章 ポストスマホとしての製品デザイン

第6章　継続課金というビジネスモデル

第7章　情報プラットフォームというビジネスモデル

第8章　ＩｏＴ×ＡＩ×ＵＩ＝三河屋さん

第9章　ＩｏＴビジネスで成功するために必要なこと

第1章

ＩｏＴが導く未来

すぐそこまで来ている未来予想図

会社からの帰り道。最寄り駅の改札を出て、近くにあるコンビニに寄ったら、レジの中に「人間」の店員の姿はなく、「人型」のロボットが立っていた。こんな光景をあなたは想像できるでしょうか？

このロボットは、人工知能（AI）を搭載し、100％自ら判断して、人間が一切関与することなく自律的に動いている……わけではありません。実はこのロボットの動きは、東南アジアのとある国のオペレーションルームから、1人のオペレーターによって、インターネットを通じて遠隔操作されています。

ロボットは、インターネット回線の彼方にいるオペレーターの目と耳と声と意思によってあなたが購入するものをすべてチェックし、あなたから代金を受け取って、ちゃんとお釣りも返してくれます。あなたは人間の店員に接するのとまったく同じ感覚で、なに不自由なくコンビニでのお買い物を済ませることができるのです。

レジでの客の様子や言葉はロボットに備えられたカメラやマイクによってオペレーターに伝えられ、一方、オペレーターの言葉はロボットの合成音声として客に伝えられます。それだけでなく、ロボットは自ら発する言葉や客の反応に合わせた動きを見せるなど、さまざまな手段で客とのコミュニケーションを交わします。

客の側は、もちろん初めは驚くでしょうし、慣れるのに多少の時間は必要でしょう。しかしひとたび慣れてしまえば、それまで人間の店員に応対してきたのとほとんど同じ感覚で、おにぎりやジュースを買ったり、おでんを注文したり、公共料金の支払いを済ませたりできるわけです。

ちなみにこのロボットは、通常はスタンバイ状態になっていて、客が入店するなどなんらかのイベントが発生したのを受けてスイッチが入るように設定されているのではありません。基本的にいつでも応答できる状態になっています。

つまりロボットは、コンビニの日常における「リアルタイム」を、一時も途絶えさせることなく「継続」し、そのうえで商行為を実践している、ということになります。

羽田空港での実証実験

コンビニロボットの例では、カメラやマイクを含めたさまざまなセンサーによって入力されたデータをインターネットに送信・解析し、その結果がインターネットの向こうにいるオペレーターに伝えられます。

オペレーター、つまり人間は、その結果から最適と思われる行動をロボットに指示し、遠隔操作します。するとロボットが今度はアクチュエーター（現実に対して出力するモノ）として、レジの前にいる客に対して音声や身ぶり手ぶりなどで出力する、ということになります。

ここでひとつ、疑問が出てくるかもしれません。それは、「なぜコンビニ店頭での応対を、人間でなくロボットに任せなければならないか」です。

最近、ひとつの興味深い実験が行われました。ソフトバンクグループの企業であるソフトバンクロボティクスが、人型ロボット「ペッパー（Pepper）」を空港内の案内ロボットとして活用しようという実証実験です。

空港には、さまざまな国からさまざまな言語を話す人間が訪れます。海外旅行のインバウンド2000万人時代を迎え、2020年に向けて3000万人をめざそうという段階にあって、外国人旅行客の効果的な誘導も喫緊の課題となっている現状です。

たとえば羽田空港の国際線ターミナルにカウンターを設け、中国語通訳に対応できる人員を配置したとしましょう。そのカウンターに中国人旅行者が訪れ、案内を望んだとすれば、中国語を話せるスタッフが問題なく対応できるはずです。

ところが、旅行者は空港内のどの場所で案内を欲するかわかりません。中国語対応カウンターのすぐそばであればいいのですが、そこから遠く離れた国内線第1ターミナルで案内を欲しがっている可能性もあります。その場合、どういうことが起きるでしょうか。

まずは第1ターミナルにいる旅行者側が、国際線ターミナルに中国語対応カウンターがあることを知り、そこに向かってくれれば解決します。しかし、事はそう簡単に運ぶとは限りません。では第1ターミナルにもカウンターを設置すればいいかというと、それには人員の確保も含めてコストがかかりますし、同じ第1ターミナルといっても広いので、場所がわからず旅行者はうろうろしてしまうかもしれません。これでは「おもてなし」の精神がすたるというものです。

そもそも、いつ、どこに案内を欲する旅行者が現れるかもわからず、カウンターを複数設置したとしてもきちんと稼働するかは不透明でしょう。メジャー言語の中国語ならまだしも、マイナー言語の旅行者であれば、対応スタッフのいるカウンターを設置すること自体に限界があります。

そこで考えられる解決策として、中国語なりなんなりの外国語を話せるスタッフは空港内のどこか1カ所に常駐させます。そして国際線、国内線第1・第2ターミナルの各所にはロボットを配置します。

旅行者がロボットを見つけ、案内してほしい事柄をロボットに向かって伝えると、ロボットのカメラやマイクなどがセンサーとなり、その情報はインターネットを経由して外国語対応スタッフのもとに届きます。データ解析をもとにスタッフが的確なアドバイスを判断し、インターネット経由でロボットをリモートコントロール。旅行者はアクチュエーターであるロボットから、無事に案内を受け取れることになります。

実証実験では、前述のロボット遠隔操作システムにより、オペレーターがペッパーをリモートコントロールして案内を行います。これはつまり、冒頭のコンビニ店頭と同じ仕組みです。

現在、日本ではさまざまなニュースでコンビニでの労働力不足が報道されていますが、この実証実験がうまくいけば、たとえばオペレーターを東南アジアなどに常駐させて複数店舗を担当させることで、労働力不足およびコスト問題の同時解決にもつながっていくでしょう。

ＩｏＴとはこのように、インターネット（クラウド）を経由した価値提供が、マイクなどのセンサーによる入力や、ロボットの動きなどのアクチュエーターを介して、コンピューターのディスプレイの中にとどまらず現実の世界に影響を及ぼすような仕事のことをいいます。

第2章

IoTを理解する

ＩｏＴでビジネスを生み出せ！と言われても……

「ＩｏＴを使って、なにか画期的な新製品を開発しなさい」

ある日、電機メーカーでマーケティングを担当しているあなたは、朝、会社に出勤するなり部長に呼び出され、ひと言そう命じられました。

部長は続けます。

「最近、ＩｏＴというのが流行り始めているらしいじゃないか。将来的には何兆円という巨大産業に発展し、ビジネスになくてはならない技術になると新聞で読んだんだが、キミも当然知っているだろうな。そのＩｏＴとやらを使って製品を作れば、わが社にとって大きなブレイクスルーになるかもしれない。さっそく、事業開発に取り組みたまえ」

自分のデスクに戻ってきたあなたは、イスに腰を落ち着け、パソコンの電源を入れます。

「ＩｏＴって言葉、たしかに最近よく見かけるようになった。ＩｏＴはInternet of Thingsの略で、日本語では『モノのインターネット』といったはず……えーと、グーグルで検索してみると、さまざまなモノがインターネットにつながることだ、と。なんだか、わかったようでわからないような言葉だなぁ」

そこまで来て、あなたはふと立ち止まり、考えるでしょう。

「で、結局、ＩｏＴって何なんだろう」

ＩｏＴとは、一体全体どういうものなのでしょうか。

マーケティング担当のあなたがつぶやいていたように、ＩｏＴのＩはInternet、ｏはof、ＴはThingsです。これを直訳して、日本ではＩｏＴのことを「モノのインターネット」と表現する機会が多いのもそのとおりです。

モノのインターネット。……これでは正直、何のことだかさっぱりわかりません。あなたが「何なんだろう」と疑問に思うのも当然です。

インターネットは、もちろんわかる。しかし、モノ＝Thingsとは何のことなのか。

ＩoＴはインターネット家電？

「ＩoＴって、インターネットにつながる冷蔵庫やエアコンのことなんでしょ？」

ＩoＴという言葉を聞くと、いまだにそういう反応が当たり前のように返ってきます。

たしかに、インターネットにつながる冷蔵庫やエアコン、あるいはテレビや電子レンジなども、ＩoＴという概念の範疇に含まれることでしょう。

しかしながら、ここでは「冷蔵庫やエアコン、あるいはテレビや電子レンジ」というハードウェア、すなわちThingsのほうだけに関心がフォーカスされすぎている印象があります。

実は、ＩｏＴにおいて大切なのは、Things もさることながら、むしろInternet のほうです。

インターネットとは、いうまでもなく皆さんご存じの、あのインターネットのことです。

あるモノ（冷蔵庫でもエアコンでもなんでもいいのですが）の性能が格段に向上し、ものすごくハイスペックな冷蔵庫、驚くほど高機能のエアコンが登場し、それらの機器を、ネットワークを通じたリモコンでオン・オフできるようになったとしても、それらが冷蔵庫やエアコン単体での進化にとどまっている限り、たいした付加価値はありません。

ここで強調しておきたいのは、「ＩｏＴとは単にネットワークにつながるだけの高性能冷蔵庫ではない！」ということです。

主体となるのはあくまでモノではなく、インターネットを介した価値提供です。

冷蔵庫の例でいうならば、冷蔵庫の操作自体をインターネットを通じて行えることが重要なのではなく、インターネット上の情報プラットフォームを介したオープンな情報連携により、食品管理の初めから終わりまでの一貫した体験を提供するもの……それこそがＩｏＴです。

たとえば冷蔵庫の牛乳が残り少なくなっているなら、その情報がインターネット上の情報プラットフォームに送信され、牛乳の購入が実際に行われて、ユーザーのもとに届けられるまでの体験を提供するのがＩｏＴだというわけです。

ですから、モノとしての冷蔵庫にはとりたてて高度な性能は必要ありません。逆に言えば、インターネット上の情報プラットフォームを介して一貫した価値提供を実現できるのであれば、冷蔵庫自体の性能はどんなに低いスペックであってもいいということです。

ユビキタスコンピューティングとIoT

「はじめに」にも書きましたが、日本では1990年代後半から2000年代前半までの一時期、「ユビキタスコンピューティング」という言葉がもてはやされました。すでにビジネスパーソンとして20年前後の時間を過ごしてきた人であれば、「そういえば、ユビキタスコンピューティングってありましたね」と簡単に思い当たるのではないでしょうか。

ラテン語の「ユビキタス（遍在する）」という言葉が意味するとおり、ユビキタスコンピューティングはまさにあらゆるモノにコンピューターを搭載してしまおうという画期的な考え方でした。日本でのユビキタスコンピューティングは、東京大学の坂村健先生およびゼロックス・パロアルト研究所のマーク・ワイザー博士が1980〜1990年代に提唱したものが始まりです。

身の回りに存在するあらゆるモノ――それはたとえば冷蔵庫であったり、エアコンであったり、テレビや電子レンジであったりといった電気製品だけでなく、衣服や靴、牛乳パックや缶ビールなども含まれるのでしょうが——にコンピューターが組み込まれる……ごくごく簡単に言うならば、ユビキタスコンピューティングとはそういう概念でした。

当時、坂村氏は「どこでもコンピューター」という言い方をされていましたが、まさにそのとおりで、このユビキタスコンピューティングは、至るところにコンピューターがある社会の構築を目指したものでした。

誤解を恐れずに言うなら、いまもてはやされているIoTも、概念の根本的なところはユビキタスコンピューティングとさほど変わりはありません。実際にIoTという概念の萌芽は、ユビキタスコンピューティングと同様の源流を持ち、1990年代にまでさかのぼるのです。

ただし、異なる点はもちろんあります。ユビキタスコンピューティングがあらゆるモノにコンピューターを内蔵するというように、モノ＝Tにより重い視点を置いているのに対して、IoTでは、それらのモノをインターネット＝Iでつなげるということのほうがはるかに重要なのです。

つまりIoTは、電気製品などのさまざまなモノ＝Thingsが進化したものであるというより、インターネットが進化した延長線上にあるという言い方のほうが適切かもしれない、ということです。

ここで大切なことは、IoTの最大のポイントはさまざまなモノが「なんらかのネットワーク」でつながれているのではなく、いま現在、すでに世界中に張り巡らされ、あなたも私も日夜お世話になっているインターネットを使って、あらゆるモノを結びつけるというところなのです。

ということは、IoTを理解するには、まず何よりインターネットの基礎を理解していなければならないということになります。

パソコンからスマートフォンへ

前出のマーケティング担当者はパソコンを使ってグーグル検索をしていますが、近年は、パソコンを使えない若い世代の人が増えているという話を聞きます。せいぜいが、学生時代に課題として提出する文章を書くときにだけパソコンを使う。文章を書くときだけですから、ワープロソフトしか使えません。日常の暮らしでエクセルもパワーポイントもほとんど触れる機会がなく、いざ就職するという段になって、あわててパソコンの勉強をする、そんな学生も多いと聞きます。

彼らはなぜ、パソコンを使えないのでしょうか。

「パソコン」と聞くと、ノートパソコンとか、あるいは画面の大きなデスクトップパソコンのイメージを思い浮かべる人がほとんどかと思います。彼らはたしかに、そういった旧態依然（？）としたイメージそのままのパソコンは、あまり使っていないのかもしれません。それはなぜかといえば、日常生活において、その旧態依然としたパソコンを使う必要がないからです。

しかし彼らは、パソコンが別の形で進化したといえるようなモノをちゃんと使っています。

使っているどころか、朝も夜も、肌身離さず持ち歩き、いつでもどこでも覗き込んでは操作しています。……そう、スマートフォンです。

スマートフォンはいまや多くの人にとって、パソコンよりもはるかに身近な存在になっていることでしょう。


スマートフォンは、ひとつの見方として、「パソコンの形が変わったモノ」と言うことができます。

パソコンに比べて可搬性がきわめて高いあの小さなボディーの中に、ひと昔前のパソコンを軽く凌駕するほどの高い性能と、多彩な機能が詰め込まれています。まだまだビジネスの世界を含め、パソコンがスマートフォンに完全に置き換わられたとまではいえませんが、ある程度の仕事ならスマートフォンのみでも問題なくこなせるようになりました。

それだけでなく、スマートフォンは一般的にモバイル通信機能を内蔵しているため、いつでもどこでも単体でインターネットにつながります。

これはいくら強調してもしきれない、きわめて大きなアドバンテージです。その「つながる」メリットを最大限に活かして、スマートフォンでは常に最新の情報をインターネットから入手し、バッグやポケットの中に文字どおりモバイル(持ち運べる)できるのです。

スマートフォンの多くは、データを保存するためのストレージを最小限しか積んでいません。ではデータをどこに保存するのかといえば、クラウドです。雲の上、ネットワークの彼方にあるサーバーに、写真や音楽、あるいはメールなどのデータを保存しています。

ドロップボックス(Dropbox)やエバーノート(Evernote)、グーグル・ドライブといったクラウドにデータを保存していくことで、スマートフォンでどこに移動しようとも、インターネットにつながってさえいれば、常に同じデータにアクセスできるわけです。

そして、常に移動しながら通信もできることから、モバイル時代と呼ぶにふさわしい現代にまさにフィットしたツールだということがいえます。

スマートフォンは、インターネットがあって初めてその真の便利さを体感できる機器です。

いわばスマートフォンは、インターネットをベースとした世界、インターネットのエコシステム（生態系）の中に息づいているモノであるともいえます。

名称にはたしかに「フォン＝電話」と付いています。しかしながら、実態としてスマートフォン＝電話といえるでしょうか？

もちろん電話としての機能は搭載しているのですが、おそらく多くの人が、スマートフォン＝電話だといわれると明らかに違和感を覚えるでしょう。

つまりスマートフォンは、電話という機器から進化したものであるというよりも、むしろパソコンの延長線上にあるものです。スマートフォン以前にインターネットを使う機器といえばパソコンでしたが、現在ではその多くの部分がスマートフォンに置き換わっています。

詳しくは後述しますが、いま、多くのモノがコンピューターを搭載することにより、パソコンの延長線上で劇的な進化を始めています。たとえば自動車も、いまやコンピューターなくしては機能しませんし、インターネットとの接続も始まっています。最近話題の「自動運転」は、自動車が進み始めたその進化の道が将来的にたどり着くところであるといえるでしょう。

このように、スマートフォンに限らず、パソコンの延長線上で進化しているさまざまなモノが、常にインターネットとつながっている。インターネットを通じて、また別のモノともつながれる。……まさにこれこそが、ＩｏＴの姿なのです。

インターネットとウェブの必然性

では、なぜ他のネットワークではなく、インターネットでつながらなければいけないのでしょうか。

インターネットは、「TCP／IP」という世界共通で使われている通信プロトコル（ルール）の上で動いています。

この標準的な基本規格に準拠してさえいれば、どのようなハードウェア・ソフトウェアであってもインターネットに自在につながることができ、その結果、私たちがそれらのさまざまなハードウェアやソフトウェアを使って、インターネットに接続することが可能となります。

それはなぜかというと、インターネットでの通信を実現するこのプロトコルは、特定の企業が機密として閉じ込め、非公開にしている規格ではなく、きわめてオープンなものだからです。

考えてみてください。もしもインターネットがオープンでなく、ブラックボックスに閉じ込められ、その仕組みが第三者にはまったく開かれていないとすれば……インターネットを利用するアプリケーションも、サービスも、ハードウェアも、誰でも簡単に作るというわけにはいきません。

オープンであるからこそ、希望すれば誰でも、望むときに望む形でインターネットを好きなように利用できるのです。

インターネットにおいては「ウェブ」というシステムが利用されていることも特筆すべきです。

俗にウェブと呼ばれるものは「ワールドワイドウェブ」のことです。World Wide Webを略してWWWと表現されることも、よくご存じでしょう。ウェブページのURL（アドレス）に付いているアレです。

ウェブとは、インターネットでウェブページを公開・閲覧できるようにするためのオープンな仕組みのことです。この仕組みにおいて、HTMLと呼ばれるドキュメント（ウェブページ）記述の方法や、ハイパーリンク（いわゆるリンク）などについて決められています。

ウェブは、欧州原子核研究機構（CERN）に在籍していたイギリスの科学者ティム・バーナーズ・リーが、機構内での情報にアクセスするためのシステムとして提案し、1990年に実現しました。HTMLは平易なテキストベースで書くことができる言語で、高度なプログラミング知識を必要としません。ちょっと勉強しただけで、誰でも基本を身につけ、書けるようになります。

そのHTMLの内部にいまでは当たり前になったハイパーリンクを記述することによって、他のウェブページと自在につながることができます。

HTMLでは、自分のページから誰かのページへ勝手にリンクを張ることもできれば、その逆も可能です。先方のページが閉鎖され、リンクが切れてしまったとしても、HTMLの記述自体にエラーが生じて自分のページが表示されなくなる、などということはありません。

つまりウェブは、誰もがページを簡単に作成でき、かつ相互のリンクを自由に行える点で、オープンな発想のもとに作られたものなのです。

ウェブも、オープンな場であるインターネットと不可分の関係にあり、スマートフォンと同様、インターネットのエコシステムにおいて非常に重要なものであるということができます。

「オープン」と「分散」

ここまで、「オープン」という言葉が何度も登場してきました。

この「オープン」は、インターネットのエコシステムを考えるうえで、さらにはその先にあるＩｏＴを展望するうえで、きわめて重要なキーワードです。

オープンは開かれているという意味ですから、それに対置される言葉は「クローズ」です。先ほど「閉じ込め」という表現を使いましたが、クローズな技術は、まさに閉じられて表に出ることがなく、他者は利用できないものであるといえます。

第1章冒頭のロボットのエピソードは単なるイメージではなく、実際に発売されているハードウェア（ロボット）に、やはり実際に発売されているソフトウェア（OS）を組み合わせ、さらにインターネットやウェブ技術などいずれも誰もが利用できるリソースを用いて実現されているもの。つまりすべてが「オープン」なのです。

従来、企業の製品開発というと「クローズ」のイメージが強かったと思います。とりわけ日本企業においては、しばしば「ガラパゴス」というたとえもされるように、クローズな独自規格での開発が当たり前のように行われていました。

その独自規格を採用した一部の企業やコミュニティーにおいては便利に活用できたとしても、基本の仕様が公開されない＝クローズであるため、誰もがその規格を自由に活用して製品やサービスの開発を行うことはできませんでした。それゆえ日本の優れた技術やそれに基づく製品は、ごく一部の例外を除いて、グローバルに広がるケースもほとんどなかったことはすでに周知の事実です。

ＩｏＴは、いわばその逆をいく考え方です。

誰もが利用できるオープン規格に基づいたインターネットとその上で展開されるウェブを活用し、ハードウェアやソフトウェアの開発を行う。オープンであるがゆえに、そこを基点としてさらなる広がりが期待できますし、そうして数多くの人が利用するからこそ、プラットフォームとしての爆発的な浸透も期待できるというわけです。

インターネットは「オープン」であると同時に、もうひとつ、従来の巨大なインフラシステムにおいては考えにくかった大きな特徴を持っています。

それは「分散型」であるということです。

既存の電力や通信、交通網といった基本インフラや金融システムは、基本的に国家あるいはそれに準じる巨大組織が中心になって大資本を投じて構築し、集中的に管理することで運営されてきました。

ところがインターネットには、その中央に当たる組織がありません。全世界の人々が利用するインターネットおよびウェブには、「中央」の立場で管理する組織や人間が存在しないのです。

クライアント（個々の利用者）が接続するサーバーはありますが、そのサーバーも中央組織のような機関が集中的に管理しているわけではありません。それぞれのサーバーをそれぞれの持ち主が管理しているだけです。

また、クライアントが利用するパソコンなどの機器も、同じくどこかの機関によって管理されてはいません。あくまでそれぞれのパソコンの持ち主が、それぞれ責任を持って管理しなければならないものです。

よって、インターネットは集中管理される既存のインフラと異なり、利用者おのおのが管理することで機能する、分散型のシステムといえるのです。

そもそもインターネットは、さまざまな利用者がさまざまな機器から接続する、さまざまなネットワーク同士をつなげるものです。このつながりから生まれるものこそがインターネットのエコシステムであり、その生態系の中には、文字どおりインターネットにつながるすべてのネットワーク、すべての機器、すべてのユーザーが含まれます。

そしてインターネットのエコシステムを支える最大の概念が、「オープン」であり、「分散」であるというわけです。

10年前から変わったもの

いろいろなモノがコモディティ（日常の道具）化すると、人間はそれ以前にどのように暮らし、どのようなモノを使っていたかを忘れてしまいがちです。

10年前を思い出してみましょう。アメリカでアイフォーンが発表された2007年頃、日本の職場ではまだファクスがバリバリの現役として活躍していたと思います。

はたして、いまはどうでしょうか？　ファクスもまだあることはありますが、資料などはスキャンしてPDFファイル化したり、スマートフォンのカメラで撮影したりして、メールなどで送信するケースが格段に増えていることと思います。

携帯電話は、当然ながらいわゆるガラケーでした。スマートフォンが一般化してから使われるようになったLINEはまだ影も形もありませんし、スカイプ（Skype）もけっして馴染みのあるものではありませんでした。

LINEやスカイプはインターネットを利用するVoIP（Voice over Internet Protocol）という機能を持つアプリケーションサービスです。電話というもの自体、10年前、携帯電話の通話はいわゆる三大キャリア（日本でいえばNTTドコモ、au、ソフトバンクなど）の電話回線を利用したものが当たり前でした。

ところが現在では、物理的な回線自体はキャリアのものを使いながらも、通信規格としてはインターネットのプロトコルを用いるＶｏＩＰ（ＶｏＬＴＥ）に移行しています。

携帯電話自体がガラケーからスマートフォンへ、通信規格もインターネットへとシフトしただけでなく、ここ数年はＳＩＭフリーやＳＩＭロック解除の仕組みが浸透を始めました。現在は携帯電話回線の契約形態も、料金が高額になりがちな三大キャリアとの契約だけに限定されず、いわゆる格安ＳＩＭを利用する人が多くなってきています。

電話やファクス以外のところでも、インターネットを通じたテレビ・動画サービスが一般化し、インターネットで配信される電子書籍・雑誌・新聞がシェアを獲得。ショッピングでネット通販の利用者が爆発的に増え、旅行を希望する人の多くはインターネットで予約・購入するようになりました。

また、銀行・証券口座の管理もネット経由が当たり前になるなど、この10年はインターネットを軸として、実に多くの目に見える変革が起こり続けているのです。

インターネットのエコシステム

そんな中、「オープン」と「分散型」の仕組みを内包するインターネットを旗印としたサービス、製品を展開するアップルやグーグル、フェイスブック、アマゾン等々といったアメリカ企業が新たなビジネスモデルを引っさげて躍進を続けました。

アップルのアイフォーンを持ち運び、グーグルで検索し、フェイスブックに投稿し、アマゾンで本を買う……あなたも無意識のうちに、そういう生活を送るようになっているのではないでしょうか？

ごく最近も、自動消滅するメッセージアプリとして有名な「スナップチャット(Snapchat)」をリリースするアメリカのスナップ社が、250億ドル(約2・6兆円)を超える評価額でニューヨーク証券取引所に上場するニュースが流れるなど、インターネットを活用した新規事業は日々盛んに生み出されています。

かつてはソフトウェアのパッケージ販売にこだわっていたマイクロソフト(Office)やアドビ(Photoshop、Illustrator)も、現在はインターネットを通じたダウンロード販売へと軸足を移しています。

その一方で、変化についていけず、旧時代の感覚でクローズに「いいもの」を作り続けた日本の名だたる電機メーカーの多くは、周知のように存続の危機に瀕しています。

「いいもの」=高性能・高機能の製品は、もちろんそれ自体はすばらしいものですし、日本のモノづくりが高く評価されていることには当然理由があります。日本製の一眼レフカメラが、世界中のプロフェッショナルからアマチュアまで幅広く愛されているのも事実です。

しかし現実にデジタル写真の世界を見ると、現在世界でもっとも多く使われているデジカメは、スマートフォンが内蔵しているカメラだったりするのです。

スマートフォンで撮影した写真は、その場ですぐにウェブを通じてSNSへアップロードすることができます。そしてスマートフォン、ウェブといえば、繰り返すまでもなく、インターネットのエコシステムを代表する「オープン」と「分散」の象徴でもあります。

このスマートフォンやウェブに代表されるインターネットのエコシステムには、膨大なコンテンツ、膨大なサービスがあり、そして膨大なユーザーが存在します。いまやその生態系は、単なる森のレベルをとうに超えて、鬱蒼と茂るジャングルにまで成長しています。

成長企業はこのインターネットのエコシステムを上手に活用し、「スマートフォン」「ウェブ」という2つの大きな波に乗っているわけです。

逆にいえば、かつて日本で盛り上がったユビキタスコンピューティングは、インターネットのエコシステムとそのビジネスモデル＝「オープン」と「分散」を無視した結果、この2つの大波に乗ることができませんでした。

それがユビキタスコンピューティングを失敗に導いただけでなく、クローズの姿勢で高性能・高機能な「いいもの」を作り続けた日本の電機メーカーの低落をも招いたといえます。

デジカメや携帯電話、蓄電池の「エネループ」で存在感を示していた三洋電機がパナソニックの子会社となり、「世界の亀山」の優れた液晶テレビを世に打ち出したシャープが台湾・ホンハイ（鴻海精密工業）の傘下に入り、そして「技術の東芝」として愛された東芝が家電事業を売却するだけにとどまらず深刻な経営危機に陥っている事態は、その象徴的な出来事です。

今後の趨勢を考えても、「オープン」と「分散型」という2つのキーワードに支えられたインターネットのエコシステムなくしては、ビジネスは動いていかないであろうことはここで断言できます。

インターネットのエコシステムの中に居場所を見いだせない旧来のさまざまな産業は、次々と破壊的なインパクトにさらされ続けるでしょう。そしてＩｏＴも、この２つのキーワードをベースに、いま新しい時代の扉を開こうとしているのです。

能動から受動へ

この章を締めるにあたって、「で、結局、ＩｏＴって何なんだろう」という点を整理しておきましょう。

スマートフォンは現状においてＩｏＴに欠かせないデバイスであることは間違いありません。しかしながらスマートフォンの問題点として、使用する際は画面ロックを解除する操作が必要なため、「リアルタイム」や「継続性」がいったん断絶されることが挙げられます。

断絶されることで、人間は現実から切り離され、現実の時間から一時抜け出し、スマートフォンの時間、世界観の中に入る感覚を持ってしまいます。それは、スマートフォンを使うにあたって能動的な操作が求められるからです。

同様に、IoTにおいて重要なウェブも、ウェブページを見たり、ウェブで調べ物をしたりといった作業は人間が能動的に行うものです。

明治大学准教授の渡邊恵太氏は著書『融けるデザイン』において、次のように書いています。

「どんなに価値ある情報がウェブに集積し、検索効率が向上しようとも、その情報を目先の対象の問題解決に利用するためには、人が行動し問題に適用しなければならなかった。(中略) ポジティブに捉えれば、人が介在することは問題に対して工夫したり状況にうまく対応できる柔軟性として捉えることもできるが、一方でネガティブに捉えれば、それは人が情報を見ることへの注意力や的確な行動力を問われることであり、状況によっては人への負荷になるとも考えることができる」

今後のＩｏＴの位置付けを考えるときに、「能動」を離れることは大きなテーマです。

かつての日本に多く実在した御用聞きは、こちらからわざわざ呼びつけなくてもタイミングを見計らって家にやってきては、必要なものは何かを聞き出し、取り揃えて配達してくれます。

注文する側からすると、御用聞きを能動的に呼び出しているわけではないので、いわばこれは自然な生活時間と断絶なく続いている受動的な注文ということになります。

ＩｏＴ自体はここまでにも書いてきたように、あらゆるモノをインターネットに接続する「モノのインターネット」ですが、そのＩｏＴが実現する社会は何を目指すのかというと、「現実世界の継続する時間軸の中で、最適なタイミングで、人間が受動的に最大の利益を得る」ことなのではないかと思います。

ですから、注文＝操作も人間の側から能動的に行うのではなく、さながら御用聞きの三河屋さんが最適なタイミングでやってくるように、自然な時間の流れの中でモノのほうから的確にアプローチしてくれる状態が理想なのではないでしょうか。

このために欠かせない要素が「リアルタイム」と「継続性」であり、現状でこれを実現するのにもっとも適しているインフラが世界中に行き渡っている「オープン」で「分散型」のインターネットであることは、もはや疑う余地がないように思われます。

ここまで、ＩｏＴとはいったい何なのか、ＩｏＴにはどういう特徴があるのかなどを見てきました。次の章からは、ＩｏＴをベースとしたビジネスモデルを検討するうえでどのような戦略を取るべきかについて考えてみたいと思います。

第3章

ポストスマホとしての製品デザイン

スマートフォンの現在と未来

インターネットにつながる「アクチュエーター」として、そのインターネットを現時点でもっとも便利に活用できるデバイスがスマートフォンです。誰もが常に身近に持ち歩いているため、インターネットにエンゲージする（関わる）時間がパソコンなど他の機器と比べるとはるかに長くなるからです。

さらには多種多様なセンサーを搭載していることから、人々の日常の行動データを最大限キャッチし、インターネットに送信できます。

アイフォーンや、現在主流のアンドロイド（Android）端末もそうなのですが、スマートフォンという機器自体はパソコンと比べてそれほど高い性能を持ち合わせているわけではありません。ですから、スマートフォン単体では、できることにも限りがあるのです。

ところがインターネットにつながることで、スマートフォンは大変身します。

センサーで入力されたデータをインターネット経由でクラウドに送り、膨大なビッグデータに照らし合わせ最適な解釈を行った結果をスマートフォンにフィードバックすることで、実生活に出力するアクチュエーターとしても機能してくれるのです。

ですから現状では、スマートフォンがあって初めてＩｏＴの概念もあるということができます。また、スマートフォンはあくまでインターネットの窓口として使われることで機能を発揮するものなので、機器自体にそれほど高い性能は求められていないということもできます。アイフォーンやアンドロイド端末の多くのスペックがそれほど高くないのは、この辺りにも理由があります。

このように、現時点でのＩｏＴの実現にスマートフォンは欠かせないのですが、かといって現在のスマートフォンが万能かというと、そうともいえません。

まず、スマートフォンはいつも身近にあるとはいっても肌身離さず身につけているわけではないので、自分の居場所から離れたところに放置したり、バッグの中にしまったままになっている時間も多くあります。当然ながらその時間の行動データはスマートフォンにインプットされず、「継続性」と「リアルタイム」は一時ストップします。

また、スマートフォンの機能を呼び出すには、前述のとおり現状ではまだ指紋認証なりパスコード入力なりで画面ロックを能動的に解除するワンステップが必要で、その時点でも「継続性」と「リアルタイム」が一瞬断絶します。

継続したリアルタイムデータの集積から価値を生み出すＩｏＴにおいて、これは痛いところです。センサー（入力）としてだけでなくアクチュエーター（出力）として使う際にも、このワンステップは問題となり得ます。

この「継続性」と「リアルタイム」の問題は、次の章で詳しく解説します。

音声エージェントの可能性

この問題を解決するヒントのひとつとなるのが、ウェアラブルデバイスかもしれません。

ウェアラブル（Wearable）は「身につけられる」という意味です。これを聞いて真っ先に思い浮かぶのは「アップル・ウォッチ（Apple Watch）」でしょうか。

腕時計、メガネなど、スマートフォン以上に身につけている時間の長いデバイスは、「リアルタイム」「継続性」という点において、将来のＩｏＴ社会でスマートフォンを上回る役割を果たす可能性も秘めています。

もちろんそこでロック解除にタッチ操作のワンステップが必要になるようなら現在のスマートフォンと変わらないのですが、常時起動を実現できると事情は大きく変わります。

ひとつ、最近のおもしろいトピックを挙げましょう。

米アマゾンは2015年、「アマゾン・エコー（Amazon Echo）」という製品をリリースしました（日本発売は執筆時点で未定）。

この製品は、ひと言でいえばスピーカーなのですが、家庭で利用できるデジタルアシスタントとしてIoTを実現したものということができます。

ポイントは音声によって操作できる人工知能「アレクサ（Alexa）」の搭載です。たとえば「Alexa, play classic music（アレクサ、クラシック音楽を再生して）」などと自然言語で指示すると、それに応じて音楽を流してくれます。

それだけでなく、ネット検索やショッピング、スケジュール確認、他社サービスとの組み合わせによりスマート電球のオン・オフなども音声から行えます。

音声操作というと、音声認識の精度が常に問題となってきました。しかし最近ではアイフォーンの「シリ（Siri）」やグーグルの「OK, Google」などのようにかなり的確に認識してくれますし、ディープラーニング（深層学習）が活用されることで精度はどんどんと高まっています。

精度アップはもちろん今後も必要でしょうが、現状、音楽を再生したり、電灯のオン・オフをするくらいであれば簡単な命令で済むため、家庭内での使用ならばとくに問題はないと思われます。

シリを使ってアイフォーンを操作する若い世代も増えているように、音声操作の可能性は現在高まる一方です。

アマゾン・エコーおよびアレクサの新しいところは、スマートフォンのように何らかの機器に対して能動的な操作をするのではなく、家という環境に組み込まれ、その環境内で起こった出来事に対して受動的に反応するところです。音声エージェントが環境に反応するという点では第1章冒頭のコンビニロボットにつながる技術といえるでしょうし、別の見方をすれば、人間が環境自体をウェアラブルデバイスにするひとつの形だともいえるかもしれません。

2017年1月に米ラスベガスで開催された民生向けテクノロジーの祭典「C

ES（Consumer Electronics Show）」においても、アレクサを搭載する機器が数多く発表されました。その分野も、冷蔵庫、洗濯機、テレビ、電灯といった家電製品から自動車などまで多岐にわたっています。音声エージェントは新しいユーザーインターフェースとして注目されているのです。

1対1から1対nへ

音声エージェントが注目されるのは、今後のIoT社会の到来を見据えると、1人の人間が操作する機器の数が増大する可能性が高いからです。パソコンやスマートフォンにとどまらず、前述のCESの例のように、家電製品から自動車まであらゆるモノがコンピューターを搭載し、IoTに対応します。

デジタル機器を動かすためのユーザーインターフェースは、1970年代以降、パンチカード、CUI（Character User Interface、コマンドライン操作）、GU

I（Graphical User Interface、アイコンなど視覚的に確認できる画面で操作可能なインターフェース）、そしてスマートフォンに代表されるタッチパネルと、進化を重ねてきました。

現在もまだタッチパネル全盛ですが、スマートフォンを音声で操作する人の数は増えています。また、小さいお子さんはシリやペッパーと音声で積極的に対話しようとするなど、音声インターフェースのネイティブと思える世代も育ってきています。

タッチパネルと音声を比べると、やはり音声のほうがシームレスに操作できます。従来のスマート家電は操作性に問題のあるものが多かった印象がありますが、音声操作ならそれも簡単に解決できそうです。今後、ＩｏＴが導入されるスマートホームにおいて、音声は標準プラットフォームになる可能性もあると思います。

かつてのコンピューターの普及台数を考えると、1台のコンピューターに人間n人という程度の割合でした。現在、先進国ではスマホやパソコンなどのコンピューターが1人に1台つながるところまできています。

今後は家電製品をはじめさまざまな機器がコンピューターを搭載し、IoT化することで、人間1人に対してn台のコンピューターがつながる時代になることでしょう。

その時代は、おそらくすぐそこまできています。そしてそういう時代を迎えたとき、1人の人間がn台のコンピューターそれぞれに1対1で向き合っていたら、操作は大変なことになります。そう考えたとき、単独の機器ではなく、クラウド/センサー/アクチュエーターの多様な組み合わせで実現される「サービス」のイメージをわかりやすい形で示してくれるアレクサのようなエージェントには、大きな可能性があることを感じさせてくれます。

タッチポイントを増やすことの重要性

1人の人間が使うデバイスが増えたということは、マーケティング的に見れば顧客とのタッチポイント（接点）が増えたということでもあります。つまりは、タッチポイントのクロスデバイス化にもつながっているわけです。

IoTの世界でも、必ず何らかのUI（ユーザーインターフェース）をもとにさまざまなデバイスにアクセスします。ということは、あるプラットフォームに対してサービスを提供したいと考えた場合、そのプラットフォームの世界観に徹底的に合わせたUIにすることがひとつの使命です。

そのうえで、できるだけ多くのプラットフォームをサポートすべきでしょう。対応プラットフォームを増やすということは、それだけタッチポイントを増やせるということでもあるからです。タッチポイントを増やせれば、それだけ利用者数が増えて価値が高まっていく、ネットワーク効果（129ページ参照）の恩恵を受けられる可能性も高まります。

かつてアイポッド（iPod）も、当初は大して売れていませんでした。ところがウィンドウズ（Windows）対応とアイチューンズ・ミュージック・ストア（iTunes Music Store、現 iTunes Store）のサービスを始めたことでタッチポイントが増え、音楽プレイヤーとして性能がさほど高いわけではないにもかかわらず、音楽の購入も含めた大きなエコシステムの形成につながったのです。


ＵＩに関していえば、あらゆるモノがインターネットにつながるＩｏＴ時代は、単独のデバイスにひとつのＵＩが紐付いているという従来の家電機器のような状態ではなくなります。

デバイスが増え、タッチポイントが増えても、ＵＩについては反対に、ひとつの世界観のもとで多様なデバイスのＵＩをひとつのユーザー体験にまとめていく方向へ動くでしょう。

ハードウェアだけでなく、さまざまなサービスやソフトウェアも、ひとつの世界観のもとにまとまっていきます。まさに人間1人に対して働きかける対象がいくつもある、1対nの世界を迎えます。

その状況におけるインターフェースとして、前述したように音声は相性がよいと思われます。すでにSFなどの世界で人間が声により機械を操作する姿は一般的になっているので、きっと馴染みやすいでしょう。また将来的には、拡張現実（AR）にも大きな可能性があります。

第4章

製品デザインにおけるリアルタイム性

インターネットに関わる時間

私は2003年からモバイルデバイスの研究に携わってきました。当時は、日本人でパソコンを使ってインターネットを利用している人の割合が8割に達しようという時期でしたが（2003年末時点での総務省「通信利用動向調査」より）、一方で携帯電話などの携帯情報端末を使い何らかの形でインターネットを活用している人も6割近くに及び（同調査）、前年比1700万人増と爆発的に増加している時期でした。

NTTドコモのiモードも進化し、高性能・高機能の端末が登場したり、いわゆるリッチなコンテンツを携帯電話で楽しめるようにもなり始めていました。

その状況を見ているうちに、気づいたことがあります。

それは、今後（その時点での未来）において大切になるのは、携帯端末単体のさらなる高性能化・高機能化やコンテンツのリッチ化ではなく、「インターネットにエンゲージする（関わる）時間をいかに長くするか」だということでした。

そのための窓口として最適な機器は、間違いなくモバイルデバイスです。

インターネットに関わるための機器としては、画面が大きく、複雑な入力処理なども手軽に行えるパソコンはたしかに適しているといえるでしょう。パソコンならCPU、メモリー、ストレージなどの基本性能が高く、リッチなコンテンツも余裕で楽しめます。

ただパソコンは、インターネットに常時つながるための機器としては明らかに不向きです。家やオフィスにいるときはいいでしょうが、街角や電車の車内でパソコンをサッと取り出し、インターネットをチェックするというのは、やはり現実的とはいえません。

その点、携帯電話に代表されるモバイルデバイスであれば、いつでも身近に置いておくことができ、機動性や可搬性もきわめて高いうえに、単体でインターネットに接続できる通信機能を内蔵しています。

となれば、機器単体をハイスペック化して非日常的な（という言い方をあえてしますが）リッチコンテンツを時々楽しむスタイルより、日常的に手元にあるモバイルデバイスを使ってインターネットに関わる時間を長くするスタイルのほうが、これからのビジネスモデルを考えるうえでも可能性が高い……私は２００３年の時点で、そのように考えるに至りました。

実際にその後、スマートフォンが登場し、ビジネスはインターネットを軸に回っています。インターネットとスマートフォンが既存のさまざまな産業をディスラプト（破壊）しているのです。

ポイントは、やはり「インターネットにいかに長くエンゲージするか」です。

ｉモードで一早くモバイルの世界を享受した日本人は、モバイルが大好きなようです。そして本来、モバイル好きのユーザーを多く持つ日本の企業は、大きなアドバンテージを有していたはずです。しかし「オープン」よりも「クローズ」への志向が強く、ひとつひとつのデバイスの作り込みに執着し、あるいはリッチなコンテンツ作りに目が向いてしまったため、その宝の山にうまくアプローチできなかったのです。

これは、インターネットを広大なジャングルという生態系で考えず、一本一本の木を立派にする方向性を選択してしまった、と言い換えることもできるでしょう。

クローズであることが100%よくない、などと言うつもりはありません。クローズにはクローズなりの製品クオリティーの高さや、サービスを利用するうえでの安心感があるでしょう。業界によってもビジネスモデルは異なりますから、クローズを追求する戦略自体が根本的に間違いというわけではありません。

しかし、IoT時代を考えるなら、クローズなビジネスモデルは今後さらにしぼんでいく可能性が高いことは事実です。実際、ここまでの25年、とりわけスマートフォンが登場して以降のおよそ10年というスパンで見れば、クローズなビジネスモデルは、けっしてよい結果は残していないのです。

「リアルタイム」と「継続性」

ここで強調しておきたいのは、常時インターネットにつながるという「継続性」の視点です。この「継続性」が、IoT時代を考えるうえで欠かせないキーワードとなるからです。

第1章の冒頭でコンビニのロボットのエピソードを紹介しました。これは単なるイメージではなく、ソフトバンクの人型ロボット「ペッパー」に、ロボットを制御するアステラテックの「ブシドー（V-Sido）OS」と、その上で動作しインターネット経由で遠隔操作を実現する「VRcon」というシステムを導入することを想定した近未来図です。

ブシドーOSは、ロボットの制御を目的として開発されたシステムです。ペッパーだけでなくさまざまなメーカーのロボットを制御でき、水道橋重工の大型ロボット「クラタス」をはじめとしてすでに採用例も多くあります。

またVRconも通信にウェブの標準技術（WebRTC）を使っているため、誰でもその上で自在にアプリケーションを開発できるオープンなシステムであることが特徴です。

ペッパー、ブシドーOS、VRconのいずれもすでにリリースされているものですし、とりわけペッパーは現時点でかなりの数が普及していますから、いうまでもなく夢物語ではありません。今後、「コンビニ店頭のロボット」は実現に向かって具体的に動き出していくことでしょう。

このロボットの例は、「リアルタイム」と「継続性」の両方の視点で多くのインプリケーション（含意）を提供してくれます。

冒頭でも書いたように、このロボットは「通常はスタンバイ状態で、客が入店したのを受けてスイッチが入るように設定されているわけではなく、基本的にいつでも応答できる状態になっている」のです。

つまり、ロボットは常に起動状態でインターネットにつながっており、継続して何らかのイベントが発生するのを待機し、リアルタイムで反応を行うようになっているわけです。

ＩｏＴの本質がここにあります。すなわち「オープン」であることに加えて「リアルタイム」「継続性」を実現する、という点です（さらにこの事例は特定のサーバーを介さず端末同士で直接通信できるため、「分散」という要素も満たしています）。

アマゾンが発売した「アマゾン・ダッシュ・ボタン（Amazon Dash Button）」は、そういった未来の到来を予感させてくれるＩｏＴツールといえます。この製品は、ボタンを押すだけで、登録した商品をインターネットで購入できるというものです。ボタンを押す行為が必要であり、ひとつのアマゾン・ダッシュ・ボタンで購入できる商品は登録された一品目であるという条件は付くのですが、ユーザーの行為を常に待機し即座に対応するという点で可能性を感じさせてくれます。

リアルタイムを導くセンサーの進化

アマゾン・ダッシュ・ボタンのように「押す」という能動的な行為を想定する場合はともかく、客が店に入ってくる、レジに向かうなど何らかのイベントを受動的に、リアルタイムにキャッチするには、現実の世界で起こっている動きを検知し、データとしてインプットするためのセンサーが必要になります。

ここでまず注目したいのが、やはりスマートフォンです。

機能面から見たパソコンとスマートフォンの大きな違いは、スマートフォンは単体でモバイル回線につながる通信機能を搭載している点はもちろんですが、さらに各種センサーの搭載の有無が挙げられます。

位置情報をキャッチするＧＰＳはその典型ですし、最近のスマートフォンに搭載されることが増えた指紋認証や顔認証、ＮＦＣ（近距離無線通信技術）のための無線ＩＣタグなどもそうです。ほかにも、スマートフォンには電子コンパスや加速度センサー、ジャイロセンサーなどが装備されています。そもそもタッチパネル自体が、静電容量を検知するセンサーです。

つまりスマートフォンは、実はセンサーの塊なのです。

こういった各種のセンサーを使って、スマートフォンは所有者の行動をキャッチし、そのデータをインターネットと連携させて、ＩｏＴにつながるさまざまな機能を実現しています。

スマートフォンに多様なセンサーが標準搭載されるようになったのは、スマートフォンが世界中で大量に生産・販売されるようになったため、かつては高価だったセンサー類のコストが下がったことも背景としてあります。

たとえば電子コンパス。２０００年代中盤に筆者がシステム開発で利用しようとした頃は、まだスマートフォンがありませんから、船舶航行向けの高価な業務用電子コンパスを購入し、わざわざシリアルケーブルでタブレットＰＣに接続していました。

しかしスマートフォンと電子コンパスはよほど相性がよかったのか、アイフォーンは2009年に発売された3Gsで早くも搭載しましたし、アンドロイドに至ってはそもそも2008年に発売された初めての端末「HTC Dream」からすでに電子コンパスを備えていたのです。

こうしたセンサーでキャッチしたデータを集積すると、次に解析のためのシステムが求められます。最近注目されているのが「サイバー・フィジカル・システムズ（CPS）」と呼ばれるものです。2009年に米国科学財団（NSF）がこの分野に大きな研究費を付けたことから、IoT時代に通じる概念として盛り上がってきました。

このCPSは、実生活のさまざまなデータを集積・解析・フィードバックすることで実際の暮らしに役立てようというものであり、実は目指すところもその意義もIoTとよく似た概念です。

IoTであれ、CPSであれ、その場で何が起こっているのかを知るために、まずはセンサーによって実生活のさまざまなデータを検知し、データとして入力する必要があります。こうして集められるデータは膨大な量であり、いわゆる「ビッグデータ」と呼ばれます。

センサーからインプットされたデータはインターネット経由でクラウドに送信され、クラウド上で解析が行われたら、次はその結果のフィードバック、すなわちアウトプットです。

サーバーを必要としないモバイルツール「TONE」

私が開発に関わったものとして、当時フリービットグループが展開していたフリービットモバイル（frebit mobile）のスマートフォン「ＰａｎｄＡ」があります。現在は、ＴＳＵＴＡＹＡのスマートフォン「ＴＯＮＥ」として展開されています。ＩｏＴを考えるうえでのひとつの事例として紹介しましょう。

フリービットは、インターネットサービスプロバイダーの老舗であるドリーム・トレイン・インターネット（ＤＴＩ）の立ち上げに携わった石田宏樹氏が創業した会社で、もともとは、ＩＳＰをはじめとした様々な企業がインターネット関連サービスを提供する際に必要となる要素を、特許取得技術や独自のビジネススキームを組み合わせて提供したことを皮切りに、インターネットのプロトコルである「ＩＰｖ６」を活用したＭ２Ｍ（Machine to Machine、文字通り機器と機器がつながって通信を行うこと）のインターネットを事業化するために設立されました。

スマートフォンは、「クライアント―サーバー型」のモデルにおいてあくまでクライアントであり、インターネットの向こう側にあるサーバーにアクセスすることで通信を行います。現在のインターネットは、このクライアント―サーバー型が一般的に用いられていますが、本来のインターネットはどの機器からもフラットにつながるというのがあるべき姿です。

そこで、開発担当者としてクライアントであるスマートフォン側がサーバーになり、他の機器からアクセスできるようになるとどんな世界が作れるかということを夢想し、開発しました。

TONE（当時の「PandA」）はウェブサーバーになれるので、接続した端末から写真の閲覧や音楽のストリーミングができるメディアサーバーとして機能します。

ここで注意してほしいのは、TONEが従来のモデル通りにクライアントとなり、インターネット上のサーバーに写真や音楽をアップロードして、別の端末もそのサーバーにアクセスして再生するのではないという点です。

あくまでもTONEがサーバーとして写真や音楽を提供し、他の端末はM2MでTONEに接続しているのです。もちろんTONEはスマートフォンですから、モバイル回線を通じてインターネットにつながっています。

従来のクライアント―サーバー型では、どうしてもそこに同期の時間差が発生します。ところがM2Mだと遅延は0になります（もちろんモバイル回線の速度には依存しますが）。TONEはこの仕組みにより「リアルタイム性」を実現しているのです。

TONEのようにM2Mを利用するメリットは、先ほど書いた遅延をなくせることと、あとはコストを低くできることです。メディアを同期するためにクラウドサービスを利用したら、仕組み上、遅延も生まれますし、コストも高くなってしまいます。

TONEは、どんな端末でもサーバーになれることを証明しました。メンテナンスはその端末の持ち主が行えばいいわけですからメンテナンスコストもかかりません。技術的な話も絡んでくるのでITに詳しくない人には価値が通じにくいかもしれませんが、ITな人たちからすればこれは魔法のような話なのです。

TONEに見るIoTの成功要素

この話にはキモが3点あります。

1点目は、インターネットの形には多様性があるということです。

現在はクラウドサーバーを中心としたネットワークのハブがあり、そこにクライアント（端末）が接続している状態が一般的なのですが、その先にはTONEの例のように分散型の世界が広がっています。

これこそが、IoTの世界です。インターネットの仕組みの本質を突き詰めていった先に、これまでにはなかったIoTの世界のユーザー体験が開けたわけです。

私はクラウドを否定しているわけではありません。IoTの世界観の中で、クラウドは非常に重要なコンポーネントです。しかしそこにはさまざまなネットワークの形があるのだと知ることが、おそらくは大切です。

クラウドを軸とするクライアントーサーバーもあれば、M2Mもある。IoTの時代においても、インターネットにつながる機器のすべてがサーバーに接続するクライアントになるだけでなく、M2Mで機器と機器をつなげることも可能なのです。

2点目は、IoT時代になると、ハードウェアはそれ自体が価値を生むものというより、さらに大きな価値を引き出すためのタッチポイント（顧客との接点）に過ぎなくなることです。これはここまでに書いてきた話の実証例といえます。

TONEは、端末のスペック自体は必ずしもハイエンドの部品を用いてはおらず、ハードウェアのスペックで競争していません。しかしそういったスペックであっても、ネットワークを含めた全体のエコシステム（生態系）を頭においてサービス設計を行うと、こうした魔法のような機能を現実のものにできるという例です。

ハードウェアの作り込みにこだわることでこれからの時代のビジネスはうまく

いかないという話をしました。反対に、必ずしも最高スペックでないハードウェアであってもその先にあるサービスを充実させ、さらにそのサービスへのタッチポイントを増やすことができれば、ＩｏＴビジネスは成功に近づくのです。

そして３点目は、ＩｏＴの重要な要素である「リアルタイム性」を実現できるようなネットワーク構成を考えることです。

ＴＯＮＥのサービスで、端末がハイエンドスペックではないにもかかわらず遅延のないリアルタイムのデータ転送を実現できている理由は、クライアントのスマートフォンは通常「下り（ダウンロード）」に利用されていることが多いのに対し、回線としてはガラガラに空いている「上り（アップロード）」をうまく活用しているからです。ある意味、逆転の発想でリアルタイム性を確保したわけです。

この３点のキモをまとめると、ＩｏＴはやはりＴ＝モノではなく、Ｉ＝インターネットのほうにより力点があるということになります。

第5章
製品デザインとしてのシェア

写真の投稿から根づき始めたシェア文化

ツイッター（Twitter）、インスタグラム（instagram）、フェイスブック（Facebook）などのＳＮＳやユーチューブ（YouTube）のようなコンテンツサービスは、「シェア」という発想から成長していった業態のシンボルといえるでしょう。とくに日本では写真の投稿をもとに交流するインスタグラムが近年若い女性を中心に人気を博しています。

個人が撮影する写真や動画なども「情報」であり、これから迎えるＩｏＴ社会においては重要なリソースとなるものです。

その多様なリソースを必要な人に的確に届けるということが、インターネット、ウェブ、スマートフォンの使い方として起こってきました。デジタルのコンテンツをシェアするという行為はすでに深く浸透しており、見方によってはその極限にまで到達しているともいえます。

コンピューターが外の世界とつながろうとするとき、スマートフォンが搭載するカメラの重要性は、いくら強調しても強調し足りません。考えてみれば、これは日本の写メールの文化から始まっています。

スマートフォンのカメラが状況を写真におさめ、「シェア」という仕組みにつながる流れの中で、たとえばアイフォーンのカメラは単体として世界一使われるカメラになっています。モバイル回線を通じて常にインターネットにつながっているスマートフォンのカメラは、「シェア」を行うデバイスとしてきわめて親和性が高かったわけです。

それは、コンテンツをどのようにキャプチャーする（取り込む）かという部分に関わってきます。

やはり、文章を書くには才能が必要ですし、労力もかかります。それが写真なら、腕前という部分はたしかにあるのですが、写真を撮ること自体はきわめて簡単に行えます。腕前の部分も、インスタグラムなどはフィルター機能によってある程度肩代わりしてくれます。

こういった「キャプチャーの容易さ」と「シェアの簡単さ」が組み合わさったことが、インスタグラムがとりわけ日本でここまで爆発的に浸透した大きな理由であることは間違いないでしょう。

スナップチャット・ブームの意味するもの

最近のスマートフォンにおける「シェア」は、あらかじめ撮影した写真や動画の投稿から、その時点で起きているリアルタイムの光景を中継するほうへとシフトしてきています。実際に動画でライブ配信（リアルタイム中継）を実現する機能は、インスタグラムやフェイスブック、さらにＬＩＮＥまでも装備するに至りました。

ライブ配信は、見る側も基本的に同時進行で見ていなければ大した意味はありません。つまり「生の瞬間の連続」が価値を持つのです。このように考えたとき、注目したいのがスナップチャットのサービスです。アメリカ発で2011年に前身のサービスがスタートし、日本でも若い世代を中心に数多く使われています。

スナップチャットは、利用したことがある人ならわかるでしょうが、写真や動画は閲覧した直後に自動で消えてしまいます。

ただしスナップチャットを理解するにあたって重要なのは、この「見たらすぐに消える」ことではありません。その瞬間に起きている「体験」をライブに共有できるところが、実はスナップチャットの本質なのです。

つまり現在は、過去をキャプチャーして保存した写真や動画を共有することから、「体験」自体を生で共有しようとする流れに変わってきているということです。

その流れの中で、スナップチャットのサービスを展開するスナップ社は、2016年秋にカメラの付いたサングラス「スペクタクルズ（Spectacles）」をリリースしました。いわばメガネ型のカメラデバイスです。同社初のハードウェアとなるこのデバイスで、目の前で起きていることを直接、細大漏らさずキャプチャーしようというわけです。

同様のデバイスというと、グーグルの「グーグル・グラス」を想起する人が多いでしょう。グーグル・グラスは、相手に気づかれずに写真や動画を撮れてしまうことからプライバシー問題を引き起こし、2015年に一般販売は中止されました。

しかし開発プロジェクト自体は継続しているので、いずれIoTの表舞台に何らかの形で登場する可能性は高いと思われます。スペクタクルズの今後と合わせて注目です。

フェイスブックが考えるVR戦略

一方で興味深いのは、フェイスブックがこれに先駆けて2014年、ヘッドマウントのVR（バーチャルリアリティー、仮想現実）ディスプレイ「オキュラス・リフト（Oculus Rift）」を発売するオキュラスを買収したことです。

こちらはキャプチャー装置ではありませんが、「リコーTHETA」のような360度カメラで撮影したパノラマ動画をフェイスブックのタイムラインでバーチャルに共有することが可能になっています。

全天球カメラといわれるリコーTHETAは、従来のスマートフォンのカメラと異なり、その場で起きている出来事の一部を一定の四角い枠内で意識的に切り取るのではありません。周囲の状況すなわち「いま体験していること」のすべてをキャプチャーできるのです。

フェイスブックはオキュラスを買収することで、360度のリアルな体験をオキュラス・リフトというVR表示装置により仮想現実として見せる手段を手に入れました。そこにはもちろんオキュラス・リフトのような出力デバイスを普及させたいという意図があるのでしょう。さらには、彼ら自身でリコーTHETAのような360度カメラも開発しようとしています。フェイスブックはVRへの興味を高めているように見えます。

リコーTHETAのほうも、360度パノラマ動画をリアルタイム配信するという機能を今後は間違いなく強化していくでしょう。

ただ、興味深いのは、現状ではオキュラス・リフトの売上が不調であり、一方で同様のヘッドマウントVRディスプレイであるソニー・コンピュータエンタテインメント「プレイステーションVR」のほうが販売好調であるということです。これにはプラットフォームの普及度の違いと、プレイステーションVRのほうが安価に（ほぼ半額で）手に入れられるという事情が影響しているのかもしれません。

余談ですが、ウェアラブルなアクションカメラである「ゴープロ（GoPro）」が流行したのも、基本的にはこうした流れの上にあります。

ゴープロのようなヒット商品をなぜソニーが作れなかったのか、という話はよく聞かれます。実際にゴープロの撮像素子はソニー製ですし、ソニーにも性能の高いアクションカメラはあるのですが、ゴープロほどのブームにはつながっていません。

結局、ソニーのカメラ事業は既存のカメラ産業にとどまっていたからというのがその理由でしょう。利用シーンはどこにあるのかを前提として考え（アクションカメラであれば明らかにスポーツや冒険など動きながら撮影する）、そのシーンに最適化した形を考えなければ、広がりは生まれないのです。

時間をシェアするということ

話を戻しましょう。

目の前にある体験をまるごと、あるいは360度全周でキャプチャーしてVRと組み合わせようという流れは、コミュニケーションやソーシャルメディアの未来だけでなく、IoT時代のサービスとの関係づくりにおいて「時間」をどう考えるかという点でもきわめて重要です。

日常生活のある一部分を意識的に切り取る使い方から、体験している時間自体をまるごと取り込む。あとは、それをどう消費するかは消費する人にゆだねられる……入力・出力のIoTデバイスはこういう形に変わってきて、それに伴いコミュニケーションのあり方も変わってきます。

その延長上で社会がIoT化することで、いずれはスマートフォンやソーシャルメディアなども消えてしまい、媒介のない「体験」の時間だけがあって、その時間をそのままシェアすることになるでしょう。

現在はこういう状況にどんどんと向かっているといえます。

いまスマートフォンがない世界を想像することは難しいでしょうが、10年前はそのスマートフォンもなかったわけです。10年後にスマートフォンがなくなっていたとしても、まったく驚くことではありません。

ＩｏＴはそこにおいて、人工知能（ＡＩ）と深く結びつくことでしょう。第1章冒頭のコンビニロボットのエピソードでいうと、遠隔地にオペレーターがいてロボットをリモートコントロールするだけにとどまらず、最終的にはロボット自体がその場を見て、判断して、行動するというＡＩの世界に入っていくことを私は夢想します。

これも実は、ＩｏＴの技術の延長線上にある未来図なのです。ＡＩについてはこのあと、第8章で触れることにします。

ウーバーとエアビーアンドビーのシェアリングサービス

「体験」そのものをシェアリングすることが、いまひとつのトレンドとして盛り上がってきていることを書いてきました。

その流れを前提としたうえで、近年注目されているビジネスモデルについて見ていくことにしましょう。

現実世界で起こっている出来事をインターネットを通じてモニタリングし、そこにあるリアルな（物理的な）リソースの使用状況をキャプチャーできるようになっています。

そうした背景が、「ウーバー（Uber）」や「エアビーアンドビー（Airbnb）」といった新たなサービスを生み出しています。これらは「シェアリングサービス」あるいは「シェアリングエコノミー」と呼ばれるタイプの新たなビジネススタイルです。

写真や動画など従来のSNSでシェアしてきたデジタルコンテンツではなく、現実世界にある自動車（ウーバー）や家（エアビーアンドビー）をシェアしようというサービスです。エアビーアンドビーはいわゆる「民泊」との関係で最近ニュースでも話題になることが多いので、ご存じの方は多いでしょう。ウーバーも斬新なサービスを打ち出して注目されています。

この2つのサービスに代表されるように、みんなで使えるモノはみんなでシェアして使おうという考え方を「ソーシャルシェアリング」といいます。

ウーバーのビジネスモデルは「ライドシェア」と呼ばれるもので、簡単にいうと「使っていない自家用車で人を運ぶ」ということです。

別の見方をすれば、自分の空いている時間と車の空いている時間を、その時間に車に乗りたい人のニーズにマッチングするサービスで、車の所有者である一般の人が一時的に運転手となるわけです。ウーバーはそのマッチングを行うためのプラットフォームを提供しているのだといえます。

日本の都市部における調査では、自家用車を所有していても、稼働していない時間がおよそ9割だといいます。せっかくのリソースが、これでは無駄に駐車場に止まっているとも考えられます。

自家用車が休眠する傾向は日本に限らずどの国でも多かれ少なかれあり、ウーバーはそこに目をつけました。タクシーに比べて安価に乗れることもあり、すでにアメリカではウーバーのサービスが深く浸透しています。

ウーバーではこれ以外に、同じ方向に行く人たちを相乗りさせるサービスや、一般のタクシー・ハイヤーの配車も行っていますが、ウーバーが革新的とみなされた最大の理由はやはり「空いた車と時間の活用」によるものです。

一方のエアビーアンドビーも、家の中で使っていない部屋や別荘の空き期間などを、借りたい人のニーズにマッチングするという点で、ウーバーに類似したサービスです。

いまは個人個人がスマートフォンを持っていますから、貸すほうも、借りるほうも、家や街にいながらにしてリアルタイムにコミュニケーションをとり、貸し借りを調整できるようになってきました。

ドライバーが使っていないときの車、住んでいる人がいないときの家も、社会における物理的な休眠リソースなのだという認識が提示され、理解が進んだことが、シェアリングサービスの大きな業績といえるでしょう。

そうしたリソースの細かな稼働状況を、いまはインターネットとスマートフォンで簡単に確認できるようになりましたし、予約や決済、貸し主とのコミュニケーションもインターネットの仕組みが仲介します。

シェアリングサービスには「貸す人」「借りる人」が数多く関わります。しかもタイミングによってプレイヤーが変わり、不特定多数でもあるので、マッチングのためには膨大なデータが必要となります。前提として、サービスに関係するあらゆる情報がインターネットを通じてシェアされていなければなりません。

だからこそ、シェアリングサービスにＩｏＴを組み合わせることには大きな意味があるのです。

個別単位での効率的なサービス提供が可能に

日本では法律上、事業認可されていない一般人が有料車の運転手になると、いわゆる「白タク」とみなされてしまう可能性があり、ウーバーもプロが運転するタクシー・ハイヤー配車以外の本格的なサービス提供は行えていませんでした。

ところが２０１６年５月、京都府京丹後市の過疎化・高齢化が進むエリアにおいてウーバーのシステムを活用し、一般人が自家用車に高齢者などを乗せる有料配車サービスをスタートさせることを発表しました。

過疎地域や中山間地域では路線バスなどが充実していませんし、鉄道駅へのアクセスも困難だったりします。

一方、タクシーは公共交通機関と比べると一般に高価ですし、近隣の町からわざわざ呼び出さなければならないケースも多くあります。やむなく自ら運転するという高齢者もいますが、昨今、高齢者が起こす交通事故が社会問題化しているのはご承知のとおりです。

ですから、必要不可欠な公共交通機関の代案としてこうしたサービスが活用されることには合理性がありますし、高齢化がこれからさらに顕著になる日本においては社会的なニーズもあるでしょう。

その切り口を起点として、今後日本でも法律が整備され、ウーバーの有料配車マッチングサービスが認められるようになる可能性は高いと思います。

こういった現象を理解するためのひとつの背景としては、デジタルメディアの世界で音楽をアルバム単位でなく一曲ずつ買えるようになったり、あるいは雑誌を記事単位で購入できたりという「マイクロコンテンツ化」の流れがあります。

リアルの世界では、雑誌の記事をひとつひとつ切り取って販売していたら、読みたいほうとしては便利ですが、販売する側はコスト的にペイしません。それがデジタル配信になると、コストをそこまでシビアに考えなくても個別のコンテンツ単位で売ることができるようになったわけです。

交通や宿泊の場合も、ひとつひとつの車や家をアナログの手法で、情報プラットフォームなしで個別に売ろうとしても現実的には難しいでしょう。しかし空いている車や空き部屋の状況が常にモニタリングされ、データベースに集約されていれば、ニーズに応じ必要なタイミングで必要な地域にある車や家を利用したい人とマッチングできるようになります。

それはつまり、リアルなリソースもデジタルコンテンツと同様に、個別単位での効率的な消費が可能になったということです。

エアビーアンドビーとＩｏＴロックは相性がよい

動き出したばかりのシェアリングサービスですが、たとえばエアビーアンドビーは、借りたい家の検索から申し込み、貸し主とのやり取りなどもすべてオンラインで済ませられます。ただし、通常、カギの受け渡しだけはリアルの世界でフィジカルに行わなければなりません。

最近では、部屋のカギがオートロックとなっており、あらかじめメールなどで伝えられた暗証番号を入力することで、物理的なカギを受け取らずに入室できるケースもあります。ただしこれは、ロックのシステム自体がインターネットにつながっているわけではないので、あくまでスタンドアロンでアナログ的な手法です。

この考え方を一歩進めれば、ＩｏＴがソリューションとなります。

たとえばスマートフォンなどのアプリを通じて、その日の宿泊者だけが使えるデジタルデータのキーを配布することが可能になるでしょう。そのデジタルキーが機能するのは、もちろん部屋側のロックがインターネットにつながっている、すなわちIoT対応のスマートロックだからです。

このようにすれば、まさに一から十まですべてをインターネットのみで済ませることができます。私は、人と人とが会わないで済む状況をいたずらに推奨しているわけではありません。このシステムは、人と人が会わないという以外にもメリットがあるのです。

たとえば異なる地域にある複数の家や部屋を所有し、貸し出す場合、貸し主がカギを渡すためだけにわざわざ移動するのは手間もコストもかかります。そんなとき、スマホのアプリにダウンロードするタイプのデジタルキーならば、複数の物件が遠く離れていたとしても問題はないでしょう。

車や家のシェアという意味では、ひとつの車を共同使用するカーシェアリングも実際に行われています。

カーシェアリングは運転手が付いているウーバーのサービスと異なり、借り主が車を自分で運転するわけですが、この際のカギの受け渡しにもデジタルキーの発想は使えます。

あるユーザーの使用後に直接、別のユーザーが借りるというケースもあります。こういう場合はデジタルキーを変更すべきですが、それもインターネット経由で簡単に行えます。このシステムは将来的に、一般のレンタカーサービスでも応用できることでしょう。

サービスの形態を分散型に変えるシステム

シェアリングサービスは、サービスの流通形態をインターネット型・分散型に変えてしまったという言い方もできます。

ウーバーは、物流網を根本的に変えるかもしれないサービスの提供を始めています。「ウーバー・イーツ（UberEATS）」がそれです。

これまで、飲食店に出前を注文したら、その店のスタッフが配達するのが当たり前でした。店の名前が入ったエプロンを付けた中華料理屋の従業員が岡持ちでラーメンを運んでくる、いわば出前１・０の世界です。

ところがウーバー・イーツでは、注文を受けた飲食店とは何の関係もない配達員が、自分が配達可能な時間に稼働して配達を行います。同サービスは日本でも、東京の一部で２０１６年から運用が始まっています。

これは出前サービス２・０、つまりモノの配送のシェアリングです。ウーバーの情報プラットフォームを使うことで、車によって人が移動するだけでなく、料理という物理的なモノも移動できるようになったわけです。

ここには大きなヒントがあります。運ぶモノは、べつに食べ物でなくてもいいからです。

アマゾンや楽天市場、ヤフー・ショッピングなどインターネット通販が当たり前になり、便利に買い物をできる世の中になっています。オークションやフリーマーケットも、インターネット上のプラットフォームを使うのが一般的になりました。その結果、国土交通省によると、平成27（2015）年度の宅配便取扱数は37億4400万個で、前年度比3・6％の増加となっています。

一方で、宅配便の数が飛躍的に増えたため、宅配業者の負担が大きくなっていることが問題になっています。この問題のソリューションになるかもしれないのが、宅配便のシェアです。ウーバー・イーツの出前のようなサービスを一般の宅配便配達にも広げることができるなら、宅配業界の分散化につながります。

さすがに宅配便では長距離運送も多くなるため、1人の配達員が自分の空き時間だけでたとえば東京から仙台まで送り届けることは難しいかもしれません。

しかしそこは、たとえば1人目が東京から宇都宮、2人目が宇都宮から福島……といったようにつないでいけば、配達先がどんなに遠方であっても「シェアされた物流網の整備」は理論的には可能です。当然、車だけでなく、今後運用がさらに広がるドローンを使った配送も便利に利用できるでしょう。

考えてみれば、インターネットは「パケット通信」という仕組みを採用しています。「パケット」は英語で小包や箱の意味を持っていますが、インターネットではこのパケットと呼ばれるデータの固まりを、さまざまなネットワーク間のリレー形式で受け渡ししていく構造になっています。

リアルな配送物についても、さながらパケット通信のように複数の人を中継しながら配達することが可能になれば、まさに「リアルパケットネットワーク」とでも呼べる物流シェアの新たなシステムが実現するかもしれません。

日本でも、入庫・在庫・出庫管理をオンラインで完結できる物流のアウトソーシングサービス「オープンロジ」など、オープンなロジスティクスを目指すベンチャーが立ち上がってきています。将来的にさまざまな物流インフラがつながり、「物流版のインターネット」が生まれたら、物流の世界は劇的に変わることでしょう。

スマートグリッドがもたらすエネルギーシェア社会

物流網という表現を何度か使いましたが、「網」は要するにネットワークです。ＩＴの世界には、この「網」を意味する別の表現として「グリッド」という言葉もあります。

分散した情報処理のリソース（ＣＰＵやストレージなど）をネットワークで結びつけ、総体でひとつのコンピューターとして活用する「グリッドコンピューティング」はすでに実用化されています。複雑で大量の計算を行う際に利用されます。

グリッドコンピューティングは、グリッドを構成するコンピューターのすべてが並列的に処理を行います。まさしく「分散コンピューティング」です。分散の発想がＩｏＴと相性がよいことは、すでに何度も述べました。分散とは、要はシェアでもあります。

グリッド=分散の発想は、前述の「配達のシェア」だけでなく、さまざまなインフラにおいて機能する可能性があります。

たとえば、エネルギー。次世代の電力ネットワークとも呼ばれる「スマートグリッド」は、電力の供給側と消費側をネットワークで接続し、各所での供給と消費をスマートメーターですべて見える化したうえで、電力の効率的な供給を実現する考え方です。電力供給・消費のあらゆるプレイヤーが、まさにグリッド、網の目のようにつながれている状態です。

日本でも東日本大震災の影響でクローズアップされるようになりました。いまは少々落ち着いているようですが、コミュニティーでの実証実験は行われていますし、エネルギー問題が将来的に深刻になっていくことは間違いありません。今後確実に普及してくるでしょう。

このスマートグリッドの「供給」側には当然、発電所や送電網があります。一方の「消費」側には一般の住宅やオフィスビル、公共施設、工場、交通インフラなどがあることでしょう。

ただ、これからの時代は発電も分散化します。従来のように大規模発電所だけでなく、住宅やビル、公共施設、工場などでも自然エネルギーや蓄電池、燃料電池の発達によって電気を供給できるようになるでしょう。すると、電力会社以外のプレイヤーも「供給」側になることがあります。

このような社会においては、「いま、どこがどれくらいのエネルギーを持っているか」「どこでどれくらいのエネルギー需要があるか」などさまざまなプレイヤーの供給と消費の状況をモニタリングし、データを蓄積・解析することで、必要なところへ重点的に供給したり、リソースを再配置して最適化することが可能になります。すなわち、電力、エネルギーのシェアです。

各プレイヤーをつないでデータを共有するスマートグリッド社会のプラットフォームは、オープンで分散型のＩｏＴです。

２０１６年には日本でも電力の小売が全面自由化されました。こちらは物流よりもさらに巨大な、蓄電池や電気自動車などのプロダクトから給電インフラ開発、サービス提供までを含めた「エネルギー版のインターネット」と呼べるとてつもない規模の産業に発展する可能性があります。

電気自動車で知られるテスラモーターズが社名をテスラに変えたのも、彼らがもともとリチウムイオンバッテリーを活用するというアイデアからスタートしており、今後は電池・電力システムにより深く軸足を置くためなのかもしれません。

金融のシェアにも可能性がある

シェアのリソースとしては、ファイナンスも非常に興味深い世界です。

たとえば、「マイクロファイナンス」。文字通り小口金融のことですが、その目的は発展途上国の低所得者層など貧しい人たちの自立を助けることです。

これは従来の寄付やボランティアの発想とは少し異なるところがあります。というのも、このマイクロファイナンスも、ウーバーやスマートグリッドと同じく、やはりリソースの再配置による最適化、つまりシェアの発想からきているからです。

日本は、一方ではキャッシュフローが足りない領域があり、新興産業にあまりお金が回っていないのですが、もう一方で預金残高はたくさんあります。

最近はようやく「クラウドファンディング」という仕組みにより、ベンチャーなどの取り組みを支援する動きが出てきています。しかしながら、金融リソースのシェアという部分ではまだまだ物足りないといわなければなりません。

将来的には、ファイナンス界のウーバーやエアビーアンドビーのようなサービスが出現し、貸したいところと借りたいところのマッチングを一定利率で行えるようになれば、おもしろい展開が期待できます。

さらには資本市場自体がマイクロファイナンス化し、自分の預金が無意識のうちにアフリカの村の発展支援に使われていて、それがある程度成功して利潤が出たらリターンが返ってくる、といった仕組みが作れれば、本当に困っているところに貴重なお金を届けることができるようになるかもしれません。

「お金のシェア」はある意味で究極のシェアであり、この分野でＩｏＴに何ができるかは注目すべきところです。

第6章

継続課金というビジネスモデル

「三河屋さん」の集金に見る2つのスタイル

アニメ「サザエさん」に登場する「三河屋さん」の三郎は、サザエさんの単なるお友達ではありません。

同じコミュニティーに暮らしているので友達関係にもあるかもしれませんが、三河屋さんは第一義的に間違いなくビジネスとして酒屋を営み、そのビジネスを成り立たせるための御用聞きとして磯野家を訪問しているのです。

ですから、三河屋さんには三河屋さんなりの集金モデルがあるわけです。磯野家で入り用のものの情報を得たら、それをそろえて配達し、その商品の代価としてお金を受け取ります。三河屋さんが受け取る料金の体系は、磯野家が注文した商品の合計によって変わります。

この集金方法自体は、実行を指示されたイベントに応じて料金が変わる、いわばイベントドリブンの課金モデルといえます。

ＩｏＴのビジネスを考えるうえで、「お金をいかに集めるか」は、事業戦略という点で大事な部分になってきます。

ウェブで料金が発生する仕組みの基本は、起こされたイベントに応じてコンテンツがやり取りされ、そこに課金が生まれるという「イベントドリブン型」が特徴でした。料金はコンテンツによって変わるので、まさに三河屋さんの集金スタイルと同様です。

ところがＩｏＴの世界になると、月や年といった一定の契約単位で定額の料金を支払う「サブスクリプション型」が主流となっていきます。イベントドリブン型の要素はもちろん残るでしょうが、課金モデルとしてはサブスクリプション型への移行が今後どんどん起こってくるだろうと考えています。

たとえばソフトバンクのロボット、ペッパーの法人向けモデルは、本体レンタル代も含め月定額×36カ月の契約スタイルが基本となっています。36カ月（3

年）の総額で約２００万円を支払うことになりますが、そのぶん初期投資は安価になります。家庭向けの一般発売モデルは本体部分こそレンタルでなく購入することになるのですが、やはり利用の基本プランは36カ月の月定額払いです。

デジタルメディアの世界でいうと、音楽がわかりやすい例でしょう。

音楽を一曲一曲その都度購入するイベントドリブン型のスタイルもまだまだ一般的ですが、月額いくらでライブラリに全部アクセスできる（いわゆる聴き放題）サブスクリプション型がスタンダードになってきています。

２０１５年以降、「アップル・ミュージック（Apple Music）」「グーグル・プレイ・ミュージック（Google Play Music）」「ＡＷＡ」「ＬＩＮＥ　ＭＵＳＩＣ」、そして２０１６年秋にスタートし話題を呼んだ「スポティファイ（Spotify）」など、さまざまな定額制音楽配信サービスが登場しています。

つまり、コンテンツをほしいタイミングでそのコンテンツ分を単独の対価で支払うのではなく、サービス自体と継続的に付き合うというように時間軸が変わってきたわけです。

イベントドリブン型からサブスクリプション型へ

三河屋さんも、商品の性質から課金はたしかにイベントドリブン型ですが、その前提として磯野家をはじめとする街の住人たちとの長い継続的な付き合いがあります。その意味では、御用聞きのスタイルも磯野家から長期にわたっての集金を期待できます。

もちろんその関係はご近所付き合いが基本であって、「3年」といった契約期間を設定し、それを更新していくわけではないのですが、おそらく毎月の売上はほぼ一定であると予想できます。その意味では、御用聞きもサブスクリプション型の特徴を持っているということができるでしょう。

サービスをどのように提供するかを考えたとき、継続的な関係を構築する、継続的にサービス提供をしていくという形になっていくと、課金モデルもそれに適した形になっていきます。ひょっとしたら三河屋さんも、現在であれば定額払いの集金スタイルを望んだかもしれません。

昔ながらの御用聞きに比べると、デジタルの世界はやはり先行しています。音楽に限らずいろいろなサービスでサブスクリプション型の課金モデルが定着してきました。

インターネットのエコシステムに関する説明の中で登場したマイクロソフトとアドビも、かつてはソフトウェアのパッケージ販売にこだわっていました。ユーザーにしてみればけっして安くはないお金を払って、マイクロソフトなら「オフィス（Office）」、アドビなら「クリエイティブ・スイート（Creative Suite）」といったパッケージソフトを買い切りで購入し、何年かするとまたバージョンアップでお金がかかる……というのが当たり前の状況でした。

ところが現在は両社ともにダウンロード販売へと軸足を移し、オフィスは「オフィス３６５」へ、クリエイティブ・スイートは「クリエイティブ・クラウド（Creative Cloud）」へ移行。サブスクリプション型の定額料金を採用しました。しかも驚くべきことに、アドビは２０１６年の通年で過去最高益を記録、マイクロソフトも株価が史上最高値を更新しています。

いわばかつてのパッケージソフトの世界も、現在は定額制サービスになってきたということです。

アップルもハードウェアの売上が頭打ちになっている一方で、アップ・ストア（App Store）やアップル・ミュージックといったサービス事業の売上が年18％という圧倒的な成長率で伸びてきています。

「時間」を視点においた継続課金の意義

こういった状況を見ると、ＩｏＴの世界での課金モデルは、継続課金以外には基本的にありえないとすらいえるかもしれません。

これはマイクロソフトやアドビのようなソフトウェアビジネスや、音楽配信に代表されるコンテンツサービスのビジネスだけに限るものではありません。これに近いシフトが、ハードウェアを作る事業者のビジネスモデルにも起こるでしょう。

つまり、ハードウェア単体の作り込みにこだわり、高性能・高価なハードウェアを売ることによってビジネスを成立させるのではなく、低性能・安価なハードウェアをベースに、サービスで売るビジネスモデルのほうがベターだということです。

繰り返しになりますが、ハードウェア自体の付加価値は、もはや高くはないのです。むしろ、ハードウェアをワンショットで売るより、そこをベースとするライフタイムでのエンゲージメント（関わり）を目指してサービスを長期的に提供していくほうが、ライフタイム全体で見たバリューが高くなります。

継続課金は単価が低いと思われるかもしれませんが、長期のキャッシュフローで見ると実はそのほうが大きくなっていく事例は往々にして見られます。これには、サービスはハードウェアと比べて利益率が高いという事情も大きく作用しているのでしょう。

ここでも、時間軸における「継続」の視点が大事になります。

ハードウェアだけでなくソフトウェアのパッケージもそうですが、初期購入コストが高すぎると、ユーザーにとっては「最初にそんなに払うのか。割に合わないな」といった意識が生まれがちです。つまりエンゲージメントを始める以前の段階で、ちょっと損をした気になるのです。

三河屋さんの例を見るまでもなく、ビジネスは関係づくりが何よりも基本となります。しかし最初にお金を払わないとそもそもの関係がつくれないというのでは、入り口のところでお客さんを遠ざけてしまう可能性が高くなるでしょう。

そうではなく、入り口ではハードルを下げる。そしてまずこちらのビジネスの世界に入ってきてもらい、そのあとに継続的な関係を醸成することで、長期にわたりお金を払ってもらうという課金モデルのほうがビジネスにとって有効だということです。初期コストについては、ひょっとしたら事業者が負担するくらいの覚悟でもいいかもしれません。

この「継続」という発想は本書全体の話にも通底していることで、ＩｏＴのハードウェアについても事情はまったく同じなのです。

ハードウェアはあくまでもサービスに入ってきてもらうための入り口であると割り切り、サービスの前提となるハードウェアへの初期投資はできるだけ下げたほうがいいというわけです。

「メトカーフの法則」のネットワーク効果

「メトカーフの法則」という言葉を聞いたことがあるでしょうか。米パロアルト研究所在籍中にイーサネットを共同発明したボブ（ロバート）・メトカーフが提唱したもので、「ネットワークの価値はそこにつながっているノード（ユーザー）の数の二乗に比例する」という考え方です。

ごく簡単にいうなら「ユーザーの数が多ければ多いほどネットワークの価値は飛躍的に上がる」ということですが、ここで重要なのは、その価値はユーザー数に線形で正比例するのではなく、二乗に比例して、つまり指数関数的に増えていくという点です。

これは要するに、あるひとつのネットワークが成長を始めると、そのネットワークを利用する人の数は二乗に比例して増えていくので、結果としてそのネットワークがプラットフォームとなり、他のネットワークは不要になるということを表しています。

ネットワークの価値がユーザー数に正比例で増えていくのであれば、今日のユーザー数で劣っていても明日ユーザーを増やせば追い抜ける可能性があります。しかし二乗に比例して増加するということは、1日経つとその差はさらに開いていき、取り返しのつかないことになります。

ネットワークの価値が上がると、その価値を認めて利用する人の数が増え、ネットワークの価値はさらに上がる。そうするとさらに利用者数が増えて、価値はグングンと高まっていく。このような作用のことを「ネットワーク効果」といいます。

メトカーフの法則のネットワーク効果に照らし合わせると、ウェブを含むインターネットの価値はユーザー数の増加につれて飛躍的に高まっていく一方、これに対抗する新たなネットワークを構築したとしても、インターネットを追い抜くのは至難の業だということになります。

つまり、現実としてインターネットがあり、世界中に広まっている以上、新たな社会とそこに向けたビジネスモデルを構築する際にも、「ありもの」のインターネットを使うのがもっとも効果的であり効率的であるということです。そしてそれこそが、Things をInternet につなぐＩｏＴというわけです。

業態転換のリスクをとって好業績につなげる

もちろん、従来のビジネスモデルである程度成功してきた会社であればあるほど、業態の大幅な転換にはリスクが伴うでしょう。とくに日本企業はリスクをとることに必要以上に慎重な印象があります。

ただ、これまでパッケージソフトの販売をビジネスの柱としていたマイクロソフトやアドビが見事に業態転換し、実際に好業績を上げている事例は無視できないものでしょう。彼らもリスクはとっていますし、とくにマイクロソフトのような規模の会社で業態転換をするのはかなりのリスクがあったと想像します。

しかし、パッケージのビジネスにどっぷり浸かっていた大事業者がリスクをとってまで業態転換を果たし、結果も出していることは、やはりいくら強調してもしきれないところです。

ユーザーのエンゲージメントを引き出せるサービスをつくり、そこにユーザーを継続的に囲い込んでいくことができれば、そうした大企業においても業態転換が可能だということです。

そこにはＩｏＴ社会を見据えて、そうするだけの切実な理由があったということです。

そしてその業態転換が、メトカーフの法則のネットワーク効果を最大化するためのビジネス戦略につながっていきます。

ここでポイントとなるのは、売り切りビジネスからの転換とともに、ユーザーに対していかに継続的な価値提供ができるかというところでしょう。バリューがなければ、ユーザーが継続的にエンゲージしてくれることはそもそもありえないことだからです。

「長期的な価値」のバックボーンになるもののひとつとして、データがあります。

ゼネラル・エレクトリック（GE）は産業向けのIoT構想であるインダストリアル・インターネットを具体的に実現するプラットフォームとして「プレディックス（Predix）」をリリースしています。

インダストリアル・インターネットは、ドイツのインダストリー4・0と同じく製造業の産業設備をすべてインターネットにつなげ、それらの稼働状況をセンシングしてデータを収集・解析し、産業設備の効率的な制御管理やメンテナンスなどにつなげようというものです。

つまり、製造業に関わるあらゆるハードウェアから集めたビッグデータの活用がインダストリアル・インターネットの目指すところですが、その実現に向けたプラットフォームとなるクラウド向けOSがプレディックスです。

このプレディックスでは、産業設備がどのように稼働しているかについてのデータを継続的にクラウドへ集め、そのデータを解析したうえで、設備の現状や劣化、耐用年数などの有用な情報を継続的に顧客へ還元していきます。データの収集と分析に基づいて提供される情報こそが、このプラットフォームを利用するユーザー（メーカー）にとって最大の付加価値になるわけです。

これはB2Bの、しかも製造業に限られた例です。しかしトーマス・エジソンが設立し、自身が数々のハードウェアを世に送り出してきたメーカーであるGEが、ハードウェアを作り出すメーカーの継続的なエンゲージメントを引き出すためにデータを応用し、効率的な長期継続課金に直結する新たなサービスを構築している事例は他の業界でも参考になることでしょう。

顧客のデータをリアルの社会に還元する

長期的な継続課金を実現するためのキーがデータであることは、ここまで見てきたとおりです。

小売業の世界では、俗にいう「オムニチャネル」の考え方がわかりやすいでしょう。

オムニチャネルは、リアルな店舗だけでなく、ＥコマースやＰＯＳ、デジタルサイネージ、インターネット上のＳＮＳや電子カタログなど、オンライン・オフラインを超えたあらゆるリソースを連携させるスタイルのことです。最近ではスマートフォンなどモバイルデバイスの活用も欠かせないテーマでしょう。いまさらいうまでもなく、多くの小売業をはじめとしたビジネスですでに採用されています。

ＩｏＴがあらゆるモノをインターネットにつなげるものである以上、オムニチャネルで用いられるあらゆるリソースも、ＩｏＴのコンセプトに照らし合わせて見直せる可能性が出てきます。そこではもちろんリアルな世界のモノをインターネットに連携させるだけでなく、インターネットで得たものをリアルの世界に還元していくことも重要になります。

ここでもポイントとなるのはデータです。リアルの世界で得た客の関心などのデータをインターネットのたとえばＥコマースで活かし、そのデータをまたリアルコマースの商品配置の最適化はもちろん、レコメンデーション（おすすめ）システムなどにも活かすことで、それこそ三河屋さんではありませんが御用聞き的な商法を目指せるなど、可能性はいくらでも広がります。

非常に興味深いのは、保険やヘルスケアの分野です。

保険やヘルスケアでは、個人のライフスタイルについての情報収集と、それをもとにした疾病可能性のリスク評価が大変重要になります。

とりわけ保険という仕組みはＩｏＴときわめて相性がよいように思います。保険は人の健康や自動車の事故などさまざまなデータを集めたビッグデータをもとに、リスクの統計的評価を行うことがビジネスの前提となります。健康リスクや事故リスクの統計的評価を最適化すると、リスク評価の精度が圧倒的に上がります。そうすれば結果的に、リスクの低い顧客の保険料は下げることができます。逆に不健康なライフスタイルを送っていたり、荒っぽい運転をする人は、リスク評価に照らして保険料を上げられます。

保険はもともとある程度継続的に契約するものですが、こうした取り組みによって収支を最適化できますし、社会のライフスタイルに大きな影響を与えることができるのも強みといえます。実際に、保険加入者の健康に向けた取り組みをＩｏＴ技術を通じてデータ化、それをポイントとして換算することで保険料を割り引く生命保険の試みがスタートしています。

健康な生活を送る、慎重な運転をするということが、経済的なインセンティブ

として返ってくる状態が作られれば、社会に対してインパクトを生み出せること
でしょう。

第7章

情報プラットフォームというビジネスモデル

オープンプラットフォームとクロスデバイス

この章では、「情報プラットフォーム」をテーマに据えています。ここでいう情報プラットフォームとは、ひとつの世界観のもとに、さまざまなハードウェア、ソフトウェアやサービス、そして人間それぞれの間を仲立ちするインターフェースのことです。

キーとなるのは「オープンプラットフォーム」と「クロスデバイス化」です。

ＩｏＴにおいてはインターネットが何より重要であること、そしてインターネットはその最大の特性として「オープン」であることをここまでに説明しました。また、１９８０年代末のインターネット商用開放以降（つまり、一般の人でも利用できるようになって以降）、とくにスマートフォンが登場して以降のこの10年で成長したアメリカ企業は例外なくインターネットを重視し、ビジネス戦略の基本に「オープン」を取り入れていることにも触れました。

１９８４年、アメリカで開催された第1回ハッカー会議で、ヒッピー運動家のスチュワート・ブランドが有名な言葉を述べました。

「Information wants to be free（情報は自由になりたがっている）」がそれです。

ここでいう「free」は、その前段階にある「Information wants to be expensive（情報は高価になりたがっている）」と対置して使われているので、直接的な意味としては無料を表しています。

要約すると「情報は価値があるものなので高価になりたがっているが、一方で情報を発信するコストが下がっているため、情報は無料にもなりたがっている」ということです。

ただ、この後半部分は「オープン」につながる発想でもあるので、世間でよく言われているように「情報は自由になりたがっている」と訳してもいいと私は思います。

いずれにせよこれからの時代は、事業者だけでなく消費者にとっても、情報をオープンにすることで得られるものがきわめて大きいことは間違いありません。

しかし一方で、クローズな戦略により成功した企業もあることはあります。

アップルはオープンなインターネットの特徴を取り入れて「アップ・ストア」という仕組みを作り出し、さまざまなプレイヤーがアイフォーン向けアプリを開発できる環境を提供することで成功しましたが、それ以前にはむしろクローズであることをウリに独自の存在感を作り上げた企業です。アップ・ストアも、誰でもアプリを公開できる点でオープンなプラットフォームですが、公開のためにはアップルの認証が必要なため、オープンとクローズの双方の要素を持っています。

クローズをウリにする企業は、一般に公開されているオープンなリソースを軸にしているわけではないため、その分ユニークなコンセプトや尖った製品を打ち出したり、独壇場のレイヤーを創造したりなど、ブレイクスルーを起こしやすい特徴があります。

クローズにオープンを持ち込む戦略

アップルもコンピューターとOS、周辺ハードウェアやソフトウェアを市場に送り込んで熱烈なマック信奉者を生み出しました。コンピューターとOSは他社に開放せず（一時期、他社製互換機にOSを提供したことはありましたが）、それゆえに「マック＝アップル」という独特のプレミア感が醸成された面はたしかにあります。

プレミア感とは、いわば付加価値です。この点では、ウィンドウズというOSのみを作り、ハードウェアは他社に任せるマイクロソフトとは大きな違いがあることは周知の事実でしょう。

アイフォーンについても、アップ・ストアが始動する前まで、アイフォーンにまつわるハードウェアとソフトウェアはアップルが独占していたわけであり、その意味で「アイフォーン＝アップル」でした。アップ・ストアのサービスが始まり、誰でもアプリを作成して公開できるようになってからも、アプリはすべてアップルの認証が必要であるため、「アイフォーン＝アップル」というプレミア感は維持されています。

このアップルのように、クローズを基本戦略としながらも成長してきた企業はあります。しかし現在のIT業界の趨勢を見ると、やはりひとつのベンダーの中で囲い込むのではなく、さまざまなハードウェアやソフトウェアとの連携を含めて「オープン」を追求してきた企業が勝ち続けている印象です。

アイフォーンにしても、アップ・ストアが生まれる前はその上で動くアプリがほとんどなく、ユーザー体験としては大して魅力のない一機器でした。アップ・ストアで「オープン」を取り入れ、誰でもアプリを開発して配信できるプラットフォームとしたからこそ、その後のアイフォーン隆盛の時代が築かれたのです。

第6章でも書いたように、近年のアップルのハードウェア事業の成長は鈍化し、サービス事業の成長性のほうが高くなってきています。そのため、廉価版のアイフォーンSEや新しいアイパッドなど、製品ラインアップをプレミアムからミドルレンジに移行して、サービスの利用者を増やす戦略に移行しています。

これはここ最近に限られた傾向ではなく、ITの歴史を振り返っても、最終的には「オープン」な戦略がその優位を保ってきたといえます。つまり、「オープンな戦略」こそがITのビジネスモデルといえるのです。

エンド・ツー・エンドの原理

背景にあるのは、インターネットの「エンド・ツー・エンド（E2E）」の原理です。

インターネットの場合、考え方として重要なのは、さまざまなネットワーク同士をつなぐ中継器等はそこでどういう通信が行われているかについて一切関与しないということです。中継器は、あくまで単なる中継器でしかないのです。

そのうえで、ネットワークにはどんな機器、どんなサービスを載せて動かしてもいいというのが基本的な姿勢です。そうすることによって、インターネットは誰でも接続でき、誰でもネットワーク自体を拡張でき、また誰でもそこで扱われるデバイスやサービスを作れるということになります。

インターネットのプロトコルであるTCP／IPはこのエンド・ツー・エンド原理に基づいて作られていますし、商用開放以降、多くの人がこのインターネットの原理を活用して、実にいろいろなことに取り組んできました。

これは1990年前後に出てきたウェブの仕組みについても同様です。IoT時代のビジネス戦略を考えるとき、具体例としてまず検討しなければならないのがやはりウェブでしょう。

第2章でも書きましたが、ティム・バーナーズ・リーがウェブを開発したとき、ハイパーリンクを設定することで他のページと自在につながれることを重視しました。ウェブではお互いをまったく知らなくても勝手にリンクを張ることができます。

その際、重要な概念となったのが「リンク切れ」です。単に相手を知らなくてもいいだけでなく、相手側にリンク先のドキュメントが存在するかどうかも関係なくリンクを張ることができたのです。これは設計上のきわめて大きな転換で、「オープン」をベースとしたウェブの成長を後押ししたもっとも大きな理由だと考えています。

当時、インターネット上で情報を共有しようという仕組みはほかにもたくさんあったのですが、誰でも勝手にリンクを張ることができ、かつそこで流れる情報整理の仕組みを管理する中央組織がない、というところがウェブのもっとも画期的な点だったのです。

これは、インターネットに限らずネットワーク、ひいては情報プラットフォームをどう成長させていくか、どのようなものが広く利用されるかを考えていくうえで、大切なキーになります。

インターネットもウェブも、さまざまなノード（各端末や中継器などネットワークにつながる機器）が自在につながって情報を交換し合うことによって価値を生み出すネットワークです。そして第6章で触れたように、ボブ・メトカーフが提唱した「メトカーフの法則」のネットワーク効果によって、ネットワーク型のシステムは大きくなればなるほど価値が上がります。

プラットフォームでの囲い込み

インターネットにつながるノードは、ネットワーク効果によって指数関数的に増え続けています。このペースでいくと、ノードの数が地球人口の1に対して1

台という次元をはるかに超え、これも第3章で書いたように人間1人に対して機器n台というレベルにまもなく到達するでしょう。これこそがまさに、あらゆるモノがインターネットにつながるIoT時代の到来といえるのです。

ところがそうなれば、人間が機器1台1台を意識して操作することは、現実的に難しくなるでしょう。ですから、あらゆるモノがインターネットを通じてつながるIoT時代においては、さまざまなモノの違いを意識せずに操作できるように、それぞれの機器やサービスが連動する必要があります。

そこで求められるのが、各機器やサービス間の仕様を公開し合い、垣根を取り払う「オープン」の思想なのです。

これは、考えれば簡単なことです。各機器がそれぞれクローズの思想のもとに提供されていたら、それぞれをつなぐためにもまた独自のプラットフォームが必要になってしまうからです。

一方、オープンであれば、機器と機器の間をつなぐ仕様（たとえばインターネット）が共通しているため、簡単に連動することができるようになります。

オープンという前提のうえで、ひとつのプラットフォームに多くのユーザーを囲い込むことができれば、メトカーフの法則のネットワーク効果もあって、そのプラットフォームはさらに強くなります。

ウェブというプラットフォームがまさにそうで、現時点ではウェブを超える情報プラットフォームは考えられません。仮にほかのネットワークが同じ土俵の上でウェブに戦いを挑んだとしても、おそらくウェブに駆逐されてしまうでしょう。

先ほどのアイフォーンの話でいうと、アップ・ストアという仕組みによってアイフォーンが圧倒的な価値を持つものになり、多くの人たちがその価値を求めてアプリを購入するので、ユーザーはいつしかアイフォーンの世界に囲い込まれました。

そのプラットフォームにどっぷりと浸かってしまったので、いまから別のプラットフォームに乗り換えることもなかなかできなくなったのです。

LINEの意識的なチャレンジ

情報プラットフォーム戦略を考えるにあたって、ここまで見てきたように、IoT時代においてはやはり「オープンプラットフォーム」がキーになります。言い方を変えれば、オープンプラットフォームこそがIoT時代のOSになるということです。

その代表であるウェブは、エンド・ツー・エンドというインターネットの特性を活かしたオープン性に加えて、HTMLというわかりやすい言語でページが作られることから再利用性の高さもポイントとなり、ここまで普及しました。

クローズとの組み合わせで存在感を高めたアイフォーンのような例もありますが、最終的に大きなポテンシャルを持つのは、やはりウェブのようにオープンなスタンダードでしょう。「ウェブのように」と書きましたが、ウェブ技術自体が今後もスタンダードであり続ける可能性も大いにあります。

ですから、これからアプリケーションやサービスの開発はもちろん、ハードウェアを入り口としたプラットフォーム戦略を検討する場合も、インターネット、ウェブという既存のプラットフォームを活用することを前提とするのが得策といえるでしょう。

そのうえで、オープンの戦略をベースにしつつ、いかにクローズをうまく取り入れていくか、そのオープンとクローズのバランスが大切になります。

ＬＩＮＥは、仕組みとしてはクローズといわれますが、クローズな枠の中で若干乱暴ともいえるようなオープンの発想を活かしています。

私がＬＩＮＥを見て衝撃を受けたのは、ユーザーアカウントを明示的に作成する必要がないということでした。いわゆるサインアップ作業がなく、電話番号と紐付いてしまえば、それだけでユーザーアカウントができてしまいます。さらには、標準設定の場合、スマートフォンの連絡先にあるユーザーと自動的につながってしまうところも強調すべき点です。

これは情報の流れという観点できわめてオープンなのですが、さすがに個人情報保護や情報セキュリティーとの絡みで問題を指摘され、批判もされました。しかし、結果的にＬＩＮＥの利用者は膨大に増えました。

インターネット産業の世界では、言葉はよくないですが「やったもの勝ち」という部分が間違いなくあります。もちろんモラルやルールに完全に反した戦略は負のサンクションのほうが大きく、事業として成功しないと思われますが、いわゆるグレーなゾーンであれば、リスクを前提にまず始めてみる、というのがインターネット産業で成功する人たちに共通する特徴でもあります。

ユーザー数が増えていくと、メトカーフの法則のネットワーク効果によってどんどんと拡張していきます。反対に、後発組がその状況を見てから参入しても、同じ土壌で戦いを挑むのはもはや困難です。

ＩｏＴを含めたインターネット産業においてもっとも大きな付加価値を享受で

きるのは、プラットフォームを作れるベンダーです。オープンの発想をベースにそのネットワークの価値を最大化するような事業設計を行っていったところがおそらくは勝利するのです。

ＬＩＮＥもリスクを前提としながら、当初から意識的にネットワーク効果を最大化するような設計をしていました。その結果、プラットフォームへの囲い込みに成功したといえます。

コンポーネントのコモディティ化

プラットフォームに囲い込むには、やはりユーザーの「数」がもっとも重要になってきます。ユーザーの数を増やすには、アイフォーンの成功例に見るように、ユーザーが欲する価値＝ユーザー体験を提供することが必要です。

ここで、スマートフォンについて考えてみましょう。

ハードウェアとして見たとき、現在、各社のスマートフォンは性能や機能、デザインなどにそれほど大きな違いがなく、極端にいえばどれもが似たような作りになっています。もはやスマートフォンに詳しい人でないと、見ただけでは違いがわからないといえるような状況です。

それは、スマートフォンというモノの物理的な側面にほとんど意味がなくなってしまった状況であるとも言い換えられます。

たとえばアイフォーンを見てみると、評判の高いカメラ機能はソニー製のCMOSセンサーを使っています。アイフォーンだけでなく、他社のスマートフォンも同じようなセンサーを多く採用しています。タッチパネルにせよ内部のコンポーネントにせよ、ほかとは異なる際立った部品を使っているスマートフォンはほとんど存在しないといってもいいでしょう。

アイフォーンは、CPUについても同様です。独自設計ではありますが、アーキテクチャーはアンドロイド端末と同じARMであり、性能自体、必ずしもその時点でトップのCPUを採用しているわけではありません。つまりアイフォーンは、ハードウェアの性能面でいうと、けっしてトップの実力を備えているわけではないのです。

にもかかわらず、アイフォーンは人々を引き寄せ続けていますし、単独のシリーズとしては世界一売れています。価格面でいえばアンドロイドのさまざまなスマートフォンより何倍も高価であるにもかかわらず、です。

それは、アイフォーンがハードウェアだけでなくアプリやサービスも含めてトータルな戦略で考えられ、付加価値の高いユーザー体験を与えてくれているからです。ハードウェアのスペックが多少低くても、トータルなユーザー体験でむしろ勝っている状況を作ることができており、客単価で見ても並み居るスマートフォンの中で圧倒的に高くなっています。

高付加価値の製品が、インダストリアルデザインとしてはむしろプレーンで、ハードウェアの側にこれといった特徴がない……これがスマートフォンに限らず、現在のハードウェアの世界で一般的に進んでいる状況です。

ここから学べることは、現在、ハードウェアで特徴のある製品を作り込んでリリースしたとしても、その特徴によって差別化することはきわめて難しいということです。「オープン」を前提とした市場において、製品ジャンル自体がコモディティ化すると、その製品に使われるコンポーネントもコモディティ的になり、共通化していく傾向が一般的に見られます。

ハードウェアでの差別化は難しい

この事実は、「尖った」特徴を持った高価なハードウェア製品を作ることが、IoTにおいてとるべき製品企画の戦略ではないということを示唆しています。

「このテレビは、いままでの製品よりも黒がはるかに引き締まって見えます」

あるテレビメーカーがそうした製品をリリースしたとします。そのテレビが従来製品より美しい黒を再現するように作り込まれていること自体は、たしかに事実なのでしょう。しかし、はたしてテレビはその特徴を前面に押し出すだけで売れるようになるでしょうか？　テレビに映し出すコンテンツの側が従来と変わらないのであれば、そのテレビは黒を美しく映すという「尖った特徴」をマーケティング面で活かしきることができるのでしょうか？

おそらく、それはＮＯでしょう。このケースで件のテレビ開発者は、市場全体をエコシステム（生態系）として見ることをしていないのだと思われます。ユーザーの目的は「高性能なテレビの購入」ではなく、あくまで「コンテンツの視聴」であって、関心は一般にハードウェアそのものでなくそこで実現できるソフトウェアやサービスのほうを向いているからです。

マーケティング担当者がテレビ市場をこの「コンテンツを見る」という本来の目的から俯瞰したなら、いまテレビというプラットフォームに求められている機能がハードウェアの作り込みにはないのだという、より重要な事実に気づくはずです。

そして、もうひとつ大事な点があります。前述したコンポーネントの共通化です。

スマートフォンの例で示したように、各社製品に使われるコンポーネントは同じようなメーカーの同じようなものが増えています。ということは、製品自体にとくに「尖った」特徴がなくても、一般に使われているCPUやカメラ、バッテリーといったコンポーネントを、言葉は悪いですが寄せ集めて安価な製品を作りさえすれば、高価な製品よりも売れてしまう可能性が出てくるのです。

なぜなら、一部のいわゆる「ギア好き」はともかく、一般の消費者がスマートフォンを買う目的は、そのスマートフォンを使って達成できること——インターネットにつないでウェブやSNSを使ったり、カメラで撮影してアップロードしたり――にあるからです。

もちろんひとつの飛び抜けた技術がデファクトスタンダードとなり、大きな独占市場を手にできることもあります。しかしそれにしても、他社がコンポーネントの組み合わせで、ホンモノほど優れてはいなくてもある程度似通った低価格な製品を作り上げてしまうでしょう。そうなれば、アイフォーンのように高い付加価値を提供できるのでない限り、市場は低価格製品に持っていかれる可能性のほうが高いといえます。

問われているのは価値のあり方

カメラ産業についても同様の傾向が見えます。いま世界でもっとも多く使われているカメラはアイフォーン搭載のカメラですが、アイフォーンのカメラがいかに素晴らしいといっても、いわゆるコンデジのほうが明らかに画質は高いです。

しかしいま、コンデジは危機的状況にあります。一眼カメラほど圧倒的に性能が違えば戦うフィールドも異なるのですが、スマートフォンとコンデジでは微妙です。

スマホなら撮影してその場でＳＮＳにシェアするなど、オープンであるがゆえにさまざまなサービスとスムーズに連携できます。コンデジのほうが画質がよいとか、スマホのカメラよりは大きなレンズを積んでいるといっても、ユーザー体験という付加価値で考えるとそこの差は大きくないでしょう。むしろ「つながる」ことの付加価値のほうを大切に考えるユーザーが多いため、スマホのカメラは躍進し、コンデジは苦境に追い込まれているわけです。

自動車産業の話もここにつながってきます。

いま、電気自動車・自動運転車でアメリカのテスラ（旧テスラモーターズ）が注目されています。自動車産業に携わったことのなかったＩＴ出身のイーロン・

マスクCEOが電気自動車を作ろうと考えたのは、単純に、リチウムイオンバッテリーの性能が上がったからです。

従来の自動車メーカーはエンジンなど駆動系の性能向上と制御に血道を上げてきましたが、現在は自動車の駆動系が持つ付加価値がかつてと比べて圧倒的に少なくなってきたと彼は考えました。エンジンの性能では、さほど差別化はできない。ならばバッテリーとモーターがあればシンプルな電気自動車ができてしまうし、その車をインターネットと接続することで自動車といえども価値のあり方は変わっていくだろう。バリューチェーン全体で付加価値を創造していく道を、彼は選択したということです。

IoTコーヒー焙煎機という発想

繰り返しになりますが、ハードウェアはコンポーネントまで含めて共通化し、差別化が難しくなっています。難しいというだけでなく、最近のサムスンのスマートフォンを見てもわかるように、莫大な投資をして最先端のハードウェアを作るということ自体に大きな無理が生じています。むしろその投資が自らを傷つける結果になりかねません。

今後、付加価値の源泉はハードウェアではなく、ソフトウェアやサービス、プラットフォームとの連携という方向に確実に進んでいきます。高性能で高価なハードウェアを作り込むのでなく、むしろほどほどの性能を持つ製品を安価に提供し、その製品をベースとしたユーザー体験を充実させていくことが大事だということです。

従来の日本の製造業は、どうしてもハードウェアを作り込む発想に偏っていました。ところがスマートフォンやテレビはもちろん、カメラや自動車にもインターネット技術が入ってくる時代ですから、バリューチェーンのあり方自体も変わっていきます。その中で、従来の高価なハードウェアを売って儲けるという考え方ではなく、いま製造業には発想の転換が求められているのです。

そんな中、最近のおもしろい例としてパナソニックの「Ｔｈｅ Ｒｏａｓｔ」があります。

これはコーヒー焙煎機なのですが、ブルートゥースを介してスマートフォンと接続できます。スマートフォンとつながるということは、その先にあるインターネットにもつながるということで、要はＩｏＴ焙煎機なのです。

スマートフォンのアプリからさまざまなコーヒー豆に対応した焙煎プロファイルをダウンロードして読み込むだけで、面倒な操作を必要とせずにイメージに合わせたコーヒーを楽しめるよう設計されています。

このほか、コーヒー豆を購入できるサービスとも連携しているので、コーヒーをトータルに楽しむ環境をＩｏＴで実現しているといえるでしょう。日本のメーカーの中では、ＩｏＴを深く理解した製品だと思います。

エバーノートのクロスデバイス対応

スマートフォンが普及してくるにつれて、先ほどのＬＩＮＥもよい例ですが、その新しいデバイス環境の上でネットワーク効果を最大化させるような形で事業を展開してきたプレイヤーがいます。

そのユニークな例が、エバーノート（Evernote）です。

いま、インターネットはパソコン、スマートフォン、タブレット端末など多彩な機器から利用します。いわゆる「クロスデバイス化」という状況を迎えているのです。

エバーノートは、パソコン、スマートフォン、タブレットと、それぞれの環境に最適化した形でのユーザー体験を作って、どの機器からでも同じノートコンテンツにアクセスできる状況をいち早く整えました。

ただアクセスできるというだけでなく、パソコンのソフト、モバイルアプリと、それぞれのプラットフォームに最適化したUIを採用しています。ウィンドウズ版のエバーノートは完全にウィンドウズのソフトですし、マック版のエバーノートはウィンドウズ版とはまったく異なります。同様に、iOS版、アンドロイド版のエバーノート・アプリもそれぞれのOSのUIに則って作られています。

どのデバイスからアクセスしてもUIが統一されている、ということも大事かもしれませんが、考えてみれば、一般的にはクロスデバイスといってもウィンドウズ・パソコンとアンドロイドとか、マックとアイフォーンとか、エバーノートを使うデバイスはせいぜい2種類程度でしょう。3種類以上のプラットフォームでエバーノートを使っている人はおそらく少数派だと思います。むしろ2台のウィンドウズ・パソコンなど、同じプラットフォームの異なるデバイスから利用する人のほうが多いかもしれません。

だとするならば、エバーノートとして各デバイスでのUIを統一するより、ウィンドウズ版のエバーノートはウィンドウズの世界観で、iOSのエバーノートはｉＯＳの世界観でと、それぞれのプラットフォームにおいて他のアプリと共通した操作感を持っていることのほうが重要なのではないでしょうか。つまり、エバーノートとしての一貫性ではなく、各プラットフォーム内における一貫性です。

ウィンドウズ、マック、ｉＯＳ、アンドロイドといったＯＳは、少なくとも現時点においてはパソコンやスマートフォンの主流となっているプラットフォームです。これらのプラットフォームが各種デバイスにおけるユーザー体験のベースとなっていることは間違いありません。そこで、各プラットフォーム向けのアプリケーションを開発するとしたら、各プラットフォームの世界観にＵＩを徹底的に合わせるというのは大切なことだと思います。

コマースや決済のスタイルが変わる

モバイルデバイスの普及を前提としたクロスデバイス化への対応とタッチポイントの多様化は、Ｅコマースやペイメント（決済）、メディア、パーソナルコンテンツなどの事業領域において重要になります。

とくにコマースやコンテンツの分野では、品揃えが大事です。「いいもの」を少量置くよりは、敷居を下げてたくさんのものが並んでいる環境にしたほうがタッチポイントが増え、ユーザーも増えるので、結局は「いいもの」もたくさん入ってくることになるからです。

非常に興味深いのは、ＩｏＴ時代のペイメントです。

ＩＴを使った新たな金融サービスである「フィンテック」という言葉を、最近は当たり前のように聞きます。インターネット上で分散して記録を同期することで信用を保つ分散型台帳「ブロックチェーン」や、その技術を使った仮想通貨「ビットコイン」も徐々に浸透しています。

通貨の信用は現在、各国の中央銀行が担保しています。実際のお金のやり取りも金融機関が集中管理しています。

しかし今後はブロックチェーンのような、中央銀行や管理者なしにインターネットの仕組みで信用創造と取引管理を行うシステムが一般的になっていくでしょう。それがこれまでの中央銀行モデルと比べて、国際決済や送金時の手数料コストを大きく下げることになり、世界がグローバル化していく中で優位性を身につけていくに違いありません。

通貨・決済についても道路や電力網などの公共インフラと同じように、国家もしくはそれに準ずる組織の大資本投下と集中管理によるものでなく、インターネット技術の分散型の仕組みによって行われる時代がすぐそこまで来ているということです。

製造業のIoT化も進む

この章の最後に、B2Bの事業領域における最近の流れについても触れておこうと思います。モノづくり一般で考えたとき、かつてはモノづくり自体がインフラやロジスティクス（流通）の巨大な仕掛けを必要としていました。

ところが今後は、それも変わっていくかもしれません。モノづくりの世界にも分散型のプラットフォームが生まれる兆しがあるのです。

ここ1、2年、「インダストリー4・0」という言葉がメディアで取り上げられる機会が増えました。これは製造業のIoT化を目指し、ドイツ政府主導で進められている壮大なプロジェクトです。

ポイントとしては、あらゆるモノをインターネットにつないだスマート工場を作ります。部品の注文から管理、製造、納品、出荷、決済、エネルギー消費等に至るまでの全過程をリアルタイムにセンシングし、フィードバックすることで、製造コストの最小化とリソースの最適化を実現しようというものです。さらには工場の枠を超えて製造業をネットワーク化し、分散的な社会インフラとして構築していく考えです。

これに対してアメリカのゼネラル・エレクトリック（GE）は前述の「インダストリアル・インターネット」を打ち出し、日本でも三菱電機の「e－F@ctory」などIoT時代に向けたさまざまな取り組みが進められています。

これらの製造業における動きも、やろうとしていることは情報プラットフォームの構築です。

そして、IoT時代の情報プラットフォームの先に、また新たな産業のスタイルが生まれてくるでしょう。

たとえば日本の設計と中国の工場との間で、製品のCADデータをやり取りしながら打ち合わせを重ね、その際に日本と中国の双方でCADデータをもとに3Dプリンターで出力して確認する、といったことはすでに行われています。

これを2社間ではなくもっとオープンな標準プラットフォームとして確立すれば、そこに企画からマーケティング、ロジスティクス、買いたい人の発注と生産といったバリューチェーンがインターネット上に生まれる可能性はあります。クラウドファンディングとの組み合わせもより手軽に行えるようになるでしょう。

製造業のIoT、工場のIoTを超えて、販売や流通、消費者までも含めたバリューチェーン全体でのIoT。これを実現するプラットフォームが立ち上がれば、大量生産・大量消費時代で離れてしまった事業者と消費者の距離感も縮まり、消費者が望むときに望むものを提供してくれる「三河屋さん」がわが家にもやってくるかもしれません。

第8章

IoT×AI×UI＝三河屋さん

IoTは自動化へ向かう

これまでにも書いてきたように、IoTの社会を実現するには、まずありとあらゆる分野でデータがオープンになることが必要です。

スマートホームの便利さを享受するためならその個人や家族のデータだけでいいのではと思われるかもしれませんが、電化製品を利用するには社会インフラである電力の供給が不可欠ですし、家庭のIoT機器からダイレクトにネットショッピングを楽しむにしてもショッピングサイトの存在がなければ始まりません。それらの購入にはファイナンスも関わってきます。

ですから、あらゆる機器やサービスがインターネットにつながったうえで、社会全体のマクロなデータ収集がどうしても必要になるわけです。

ウェブの世界はウェブサイトのアクセスログを取るのが解析の基本ですが、I

ｏＴでもまず人間の日々の行動やライフスタイル情報のログを取るという第１の段階があります。

ログがたまってくると、そのデータをもとにさまざまな予測ができるようになってきます。

たとえばこの人の暮らし方からするとこういう病気になるリスクがあるとか、この人のライフスタイルではこのタイミングでこういうモノを買う確率が高そうだといった予測に基づいて、ＩｏＴ機器側が機械的な意思決定を行えます。これが第２段階です。

どういう状況ならどういうサービスを提供するのが適切かといった、個人や事業者、社会インフラとサービスとのマッチング精度が上がってきます。この段階ですでに、集められたデータとその活用によって、ヘルスケアや医療を含めたライフスタイル管理はもちろんのこと、インフラ、マーケティング、コマースなどの分野にも役立てることができるでしょう。

マーケティングの世界ではここ数年、マーケティングオートメーションが話題になっています。これは広告などに関わるデータ蓄積が進んできたため、どういう状況でどういうパターンの広告を出していけばいいかについてある程度の自動化が可能になってきたということです。

人間の行動に表れる興味関心のシグナルを解析することで、利用者それぞれにパーソナライズされた「レコメンデーション（おすすめ）」が可能になってきました。グーグルの検索システムやアマゾンなどのＥＣサイトが提供しているレコメンデーション機能は、まさにこのマーケティングオートメーションが実用化されたひとつの形です。

レコメンデーション自体まだまだ発展途上で、満足のいく機能には育っていないかもしれませんが、特定の分野においてはそのレベルの自動化が動き出していることは事実なのです。

そして、マッチングの精度がさらに上がると、いよいよ最終段階としてＩｏＴ

機器が人間の関与なく自らインテリジェントに判断する状態、さまざまなサービスの提供における完全なオートメーション（自動化）が可能になってくるわけです。

AIの成長で実現するオートメーション

デジタルの世界では、このようにオートメーションが普通のことになってきています。インターネットの普及によってデータの蓄積が容易になり、ビッグデータの解析も行えるようになってきたからです。

データが集まり、そこから人間の行動パターンを抽出できる世界になると、その延長線上に、ロボットによる自動化が見えてきます。ファイナンスの世界で投資の提案を行うロボアドバイザーが注目されているのも、この流れの上にあります。

それがいずれは、スマートホームすなわち家の中における生活の最適化はもちろんのこと、エネルギーの最適化、交通の最適化、ヘルスケアの最適化、お金の最適化……などにつながっていきます。

IoTが進む道は間違いなく自動化であり、その実現に大きな役割を果たすのが、人間の行動判断に対してインテリジェントに振る舞ってくれる人工知能（AI、Artificial Intelligence）なのです。

交通の世界で自動運転のプロジェクトがすでに進んでいることは、皆さんご存じでしょう。アメリカ、欧州、そして日本においても盛んに研究開発が行われています。

自動運転の目指すところは、単に車を自動で安全に動かすことにはとどまりません。

たとえば、渋滞情報からその道だけでなく地域の交通全体を俯瞰する視点で、誰がどこにどう移動するのかを車が判断し、最適なルートを選択します。さらには、クラウドに上げたスケジュール登録と連動してこれから向かう先を自動で設定することもあるでしょうし、家庭内のＩｏＴ冷蔵庫から「牛乳が切れそうになっている」という情報を得たら帰り道に自動でスーパーマーケットへ寄ったりもすることでしょう。

このように、ＩｏＴが進化し浸透すると、車は車だけ、家電は家電だけではなく、インターネットにつながれたすべてのＩｏＴ機器の総体から判断した情報に基づき、自動的に最適化するという世界に向かっていきます。エネルギーしかり、お金もしかり、製造業のオートメーションもしかりで、それらのリソースの配置も自動で行われていくことになるでしょう。

こうした社会を実現するためにも、ＡＩの成長は必須なのです。

グーグルが目指すプロアクティブなシステム

こうしたＡＩの成長にも、ウェブの構造と共通性があります。

典型的な例はグーグル検索です。

グーグルの検索システムでもっとも重要な要素は「ページランク」で、その原理はウェブのリンクの仕組みをベースにしています。ごく簡単にいうなら、リンクがたくさん張られているページは価値が高く、そこからリンクが張られていればさらに価値が高いはずだということです。

ウェブは誰でも簡単にリンクを張れますし、いろいろな人が自由自在にリンクを張っています。そこにパターンを見いだしていけば、ある検索ワードに対してもっとも価値が高いページはこういうものなんだという判断を機械が行えるようになるわけです。

グーグルは、このシステムをさらにプロアクティブなものにしていこうとしています。プロアクティブとは行動（Active）の前（Pro）ということですから、要は先回りして判断できるシステムを意味します。

人間のシグナル、グーグル検索でいえば検索したいワードを一回一回与え、そこから結果を得ようというのは働きかけに対して処理を行うイベントドリブン型の発想です。グーグルは、人間がイベントを起こさなくても常に情報提示する方向性を目指しているのです。

自然な環境の中で継続的に情報を取り続けている状態になれば、最終的には単なるマッチングではなく、「こういうことがこれから起きるからこういうことをする」という働きかけを、ＡＩのほうから実行してくれる未来がやってくるだろうということです。

だからこそ、情報を集めるためには時間軸における継続性が何よりも重要になるのです。イベントドリブンでなく、いろいろな情報が自然に、持続してインプットされるようになれば、パターンマッチングのためのデータが効率的に集まります。

第2章の最後で、情報プラットフォームのインターフェースがスマートフォンのロック解除のようにユーザーの能動的行動によるものではなく、自然な受動的環境の中で継続して情報収集できるようにすることが重要だと書きました。その話は、ここにつながってきます。

非能動的なインターフェースの可能性

人間の体内に神経回路が張り巡らされているように、インターネットも世界中に張り巡らされています。

ＩｏＴは「あらゆるモノがインターネットにつながる」状態なので、家庭、街、公共施設などさまざまな場所にＩｏＴ機器が入っていくことが大事だと思われることが多いようです。

もちろんそれはそうなのですが、実は発想の方向性としては逆で、ＩｏＴ機器が「ずっとそこにいて待機している」ということのほうがもっと本質であると私は思います。

常にそこにあって、常にインターネットにつながっていることの重要性です。繰り返しになりますが、たとえば音声エージェントで周囲の音を入力するマイクがずっとオン、つまり常に待機状態になっていれば、人間が起こす能動的なイベントがなくても、環境内の音を自然に取り込めます。

一方で、スマートフォンも現時点ではＩｏＴの有力なインターフェースと考えられていますが、前述したとおりスマートフォンのロック解除は「ボタンを押す」というイベントの世界に入ってしまうので、どうしても断絶が生じ、「継続的」「持続的」にはなりません。

むしろ、さまざまなライフイベントのデータを集めるためには、イベントから解放されなければならないのです。

その視点でスマートホームを考えると、継続的に情報を収集するための機器としては、音声エージェントに加えていわゆるウェアラブルデバイスにも大きな可能性があります。常に身につけているものなので、人間の行動情報を入力するのに向いているのです。

ウェアラブルデバイスは、アップル・ウォッチの登場によってそのポテンシャルが示唆されました。私も実は、「常にそこにある」デバイスにＩｏＴ時代の情報収集に向けたヒントがあることを見いだしたのは、アップル・ウォッチに触れてからのことでした。

ウェアラブルデバイスに可能性があるなら、たとえばスナップチャットのカメラ付きサングラスやフェイスブックが力を入れるＶＲゴーグルなども、将来的にはおもしろいデバイスに発展するかもしれません。また、私としてはＡＲ（拡張現実）にもインターフェースとしての大きなチャンスがあると考えています。

あくまでその先にあるサービスを前提としたうえですが、こうしたウェアラブルデバイスやARの開発にもビジネスは見いだせるでしょう。同様に、ウェアラブルデバイスをはじめとしたインターフェースを活用するプラットフォームやアプリケーションの開発にも大きなチャンスがあります。

「常にある」デバイスによって人間がこういうシーンでこういう意思決定をしたという情報が集められれば、そのシーンにおいてインターネットの情報を活用し、判断の自動化ができます。

こうした段階を経てようやく、わざわざ人間の側から働きかけることなく、機械のほうから人間が求めることを自動的に判断して実行してくれる、いわばIoT社会における御用聞きの「AI三河屋さん」が実現するわけです。

IoT時代の「三河屋さん」の登場

ＡＩがインテリジェントに進化することにより真のオートメーションが実現するＩｏＴ社会。それはどういうものであり、どのようなビジネスチャンスがあるのでしょうか。

個人生活の視点でいうと、先ほど挙げた自動運転や、家電の連携によるスマートホームなどはもちろんひとつの典型的な例です。

まず家庭でいうと、従来のインターネット家電は電源のオン・オフができるなどその機器単体の機能にとどまっていました。そうした発想自体はユビキタスコンピューティングの時代からあったのですが、ＩｏＴでは他の機器やサービスとの連携も行うのが特徴です。

たとえば、冷蔵庫の中の状況をＡＩに尋ね、「牛乳の残りがもうあまりないですね」ということになれば、インターネットを通じてダイレクトにショッピングできるようになるでしょう。こうなると、まさに「三河屋さん」が家の中にいるようなものです。

ほかには、エアコンが室内の温度や湿度の変化を判断し、冷蔵庫内にある素材の状況をチェック、健康センサーでその日の体調を確認しメディカルチェックもしたうえで、電子レンジがふさわしいメニューを提案する……というようなことも起きるかもしれません。

これを見るだけでも、家電製品を製造するメーカー、コマース、ヘルスケア、医療、フード業界、そしてそれらをマッチングするサービスなど、多様なビジネスの可能性が考えられます。

家電製品の操作がインターネットを通じてできるというだけでは、正直、非常に貧しい話でしょう。それはＩｏＴというより単なるインターネットリモコンです。

そこでコマースやヘルスケア、医療など他のサービスと連携したり、飲食メニューのようなコンテンツサービス、家事支援サービス、さらにはファイナンスなどにも広げたりして初めて、ＩｏＴの価値が何千倍何万倍にもなっていきます。

先ほどの自動運転の例でも、社会の交通インフラやコマース、さらには家電製品ともつながることで、ＩｏＴ時代の新たな価値が実現されるわけです。交通の分野では、実際に渋滞がひどいシンガポールでＡＩと組み合わせ、交通量が多い道路を選ぼうとすると料金が取られるという動的なロードプライシングの実験もすでに始まっています。

ウーバーのようなライドシェアサービスも、いずれはＡＩによる自動運転が実現するでしょう。そのとき、自動車自体のＩｏＴ化によって休眠しているリソースの活用が容易になるだけでなく、乗っていないときは自動的にカーシェアリングで貸し出してマネタイズしてくれるようなことも起きるかもしれません。

第9章

IoTビジネスで成功するために必要なこと

未来づくりのメインプレイヤーとなるIT産業

第2章で書いたように、スマートフォンは「フォン=電話」と付いています。アイフォーンにしても「フォン」です。では、スマートフォンを見て第一義的に電話だと思う人は、はたしていまどれくらいいるでしょうか。

スマートフォンに限らずさまざまな分野のさまざまなツールが、パソコンの延長線上で進化を重ねています。

かつての考え方ではたしかに電話であったかもしれないスマートフォンですが、いまでは電話はあくまでも機能のひとつ——しかも存在感としてはそれほど高くない——であって、総合的な情報コミュニケーションツールに進化したわけです。

これはおそらく、自動運転車についても似たようなことが考えられます。たしかに「車」と付いていますし、実際に人を乗せて移動するツールなのですが、未来の自動運転車は「車」の部分を機能のひとつにまで下げてしまうかもしれません。

むしろ自動運転車も、車の部分はあくまで車でありつつ、ＩｏＴによって他の機器やサービスとインターネットを通じて連携し、総合的な情報コミュニケーションツールへと進化する可能性が高いと私は思います。

しかも自動運転車に関しては、それを作り出すプレイヤーが従来の自動車メーカーだけではありません。開発においては多くのＩＴ企業がメインの役割を果たしています。

グーグル、アップル、マイクロソフト、ウーバーを提供するウーバー・テクノロジーズ、半導体のエヌビディアや中国の検索大手・百度（バイドゥ）、そして日本でもソフトバンクやディー・エヌ・エーなど、ＩＴ産業とその周辺が数多く参画しています。完全自動運転を間近にリリースすると発表したテスラも、元から自動車メーカーであったわけではなく、出自はやはりＩＴです。

もちろんすべてのＩＴ企業が単独で開発しているわけではなく、既存の自動車産業との協業も多く見られます。しかしここで重要なのは、こうしたＩＴ企業たちが従来の自動車の延長ではなく、むしろパソコンの延長線上にあるモノとして自動運転車の開発に携わっていることです。

見方を変えれば、将来の自動運転車はパソコンの延長線上にあるモノがハンドルやタイヤやモーターを装備して、自動車としての機能も持っているにすぎないともいえます。スマートフォンが電話機能を持っていながら、けっして昔ながらの電話そのものではないのと事情は同じです。

既存技術を活用しＩｏＴの世界観で勝負する

ＩｏＴのビジネスモデルを考えるときにも、既存のインターネットやウェブをベースに新しいアイデアを考えるのが賢い選択といえるでしょう。せっかくインターネットという、世界中に広まり汎用性も高いオープンスタンダードなインフラがあるのですから、その上で物事を考えるほうがはるかにおトクなのです。

そのオープンな既存インフラの上であっても独自の情報プラットフォーム、独自のエコシステムを構築できることは、アップルやグーグルといったビッグプレイヤーがすでに証明しています。

第4章で紹介したＴＯＮＥや第7章のＴｈｅ Ｒｏａｓｔの例もそうなのですが、ＩｏＴで大事なのは個別技術の追求ではなく、それが総体としてどういう使用価値、どういうユーザー体験を提供できるか、ＩｏＴの世界観にいかに乗っているかという視点を持つことです。

言い方を変えれば、ＩｏＴがビジネスにもたらすインパクトは、実現するサービス＝価値や体験がすべてなのです。

そこで大切なのは、これまでの「いいモノを作れば売れる」という製品中心の

「グッズ・ドミナント・ロジック」ではなく、提供するサービス＝価値や体験を中心に据えた「サービス・ドミナント・ロジック」で考えることです。

これはハードウェアだけでなく、ソフトウェア、アプリケーションの世界においても同様といえます。

たとえばアプリのデザインを考えるとき、そのアプリ単体として使いやすいインターフェースとか、見栄えのよい派手なインターフェース、いままでなかったような独自インターフェースを考えようという発想ではなかなかうまくいきません。そのアプリが動くプラットフォームの総体から見て、ユーザーがトクをする価値や体験を提供できるインターフェースであることが大切なのです。

かつてのパソコンソフトの世界であれば際立ったインターフェースが人を呼ぶこともできたでしょう。それは尖った機能でアピールするハードウェアも同じでしたが、ＩｏＴの世界では明らかにユーザー体験は単体ではなく総体として実感できるものだという発想が必要なのです。

ＩｏＴ時代に求められるプレイヤーの特徴

では、ＩｏＴ時代においていったいどういうプレイヤーが重要になってくるのでしょうか。

ここまで読んできてすでにおわかりでしょうが、それはやはり、情報プラットフォームとそれに基づくエコシステムを作れたプレイヤーが何より重要になります。

結局は、情報を集約し、構造化し、必要な人や必要なシーンにその情報をデリバリーし、人の行動を変える、そういったことを実現するプレイヤーが重要になってくるのです。

たとえばアップルがそうです。アップルはコンピューター自体を作り、ＯＳを作り、その上にソフトウェアサービスやコンテンツが乗るプラットフォームを生み出しました。さらに、アイフォーン、アイポッドを作り、マックを含めた各種デバイスの間を情報がオープンに流れるプラットフォームとして、アップ・ストアやアイチューンズを作りました。

グーグルの場合も似ています。彼らが持っている検索エンジンを使って、商流が生まれるような情報や広告をユーザーにマッチングすることで、人の行動を変えるプラットフォームを作りました。それに加えて、ユーザーの多様なタッチポイントを生み出すアンドロイドをリリースしていることも重要です。

こういった例はほかにも数多くあります。やはり基本的には、ハードからソフト、サービス、ネットワークまでの価値を統合したユーザー体験を提供できる情報プラットフォームを作り上げたプレイヤーが、間違いなく成功しています。

一方で、これも繰り返しになりますが、ことＩｏＴを考えると、ハードウェアだけ、ソフトウェアだけといった要素を単体で開発しているプレイヤーは、仮にひとたびブレイクすることがあったとしてもすぐに衰えてしまう傾向にあります。

一世を風靡したゴープロやシャオミ（Ｘｉａｏｍｉ）、オキュラス・リフトなど、いずれも低迷が伝えられています。

現在はハードウェアもソフトウェアも参入への壁が著しく低くなっているので、ブレイクしたものは、よほど特殊な技術によって成り立っているもの以外すぐに模倣されてしまいます。いわゆるレッド・オーシャンです。

個別の技術で永続する事業価値を創造することは、情報プラットフォームとそれに基づくエコシステムが最重要視される時代においてはなかなか難しくなっているのが実情です。

要素・コンポーネント「だけ」を作る立場からいかに抜け出してプラットフォーマーになれるか、それがＩｏＴ時代のビジネスにおいて最大の課題となるでしょう。

逆にいえば、いま持っている要素・コンポーネントがあるなら、それをサービスに結びつけて情報プラットフォームを作ることも、発想の転換によっては可能なのです。

その観点から、日本企業はＩｏＴ時代のプレイヤーとしてどうなのでしょうか。日本企業のモノづくりに典型的な「いいもの」を作る考え自体はけっして悪いことではありません。しかし品質が高いものは、同時に価格が高いものでもあります。そして高価なものは、どうしても普及しにくいのです。普及しにくいということは、たとえその先に魅力的なサービスが用意されていたとしても、タッチポイントが増えないために宝の持ち腐れとなってしまいます。

タッチポイントが広がっていけば、そのタッチポイントを通じてユーザーのエンゲージメントが増え、継続して情報が集まってきます。それが最終的には情報プラットフォームの構築につながるわけです。

タッチポイントをあらゆるところに広げ、そこからエコシステムを作ることのほうが重要なのだという発想の転換ができるかどうか。ＩｏＴ時代における日本企業の未来はそこにかかっているといえます。

求められる「オープン」への発想転換

そしてもうひとつ重要なのが、やはり「オープン」であるということです。第4章で紹介した人型ロボット・ペッパーとブシドーOSの組み合わせはいい例で、ブシドーOSのようなプラットフォームがあると人型ロボットのマーケットができあがります。

ロボットの仕様がクローズなブラックボックスになっていたらどうなるでしょう。人型ロボットを導入した企業が個別に制御用ソフトウェアを書くとか、アプリケーションの互換性もまったくないということでは、やはりそこにマーケットは生まれません。

しかしブシドーOSはオープンなプラットフォームですし、そこにウェブベースの「ＶＲｃｏｎ」のようなシステムが用意されていると、既存のウェブ技術に則して開発したウェブアプリケーションが容易に連携できます。オープンであるからこそ汎用性を担保でき、通常のウェブアプリケーションの延長で人型ロボットを動かせるようになるのです。

第１章で紹介した羽田空港でのロボットの実証実験も、ペッパーに対応するカスタムアプリケーションをイチから作り込んでいったら大変なことですが、ブシドーＯＳがペッパーに載っていることで簡単に開発できるソリューションとなります。

多くのユーザーが利用することでマーケットが醸成されると、これも前項で説明したように情報プラットフォームが構築され、結果的にそのプラットフォームを中心としたエコシステムも育まれていきます。

やはり「オープン」であることが、ＩｏＴ社会でユーザーのタッチポイントを増やし機器やサービスを普及させ、メトカーフの法則のネットワーク効果を発揮させるためにも、きわめて重要な条件といえるのです。

スマートコミュニティーの実現に向けて

第5章で触れたスマートグリッドは、エネルギーのインテリジェントな最適配置による効率利用を目指しています。グリッド＝分散型のエネルギーシステムの実現は、けっして一事業者のコスト面といったローカルな問題ではなく、地球レベルの問題解決につながっていきます。逆にいえば、環境問題もいまや企業の、そして社会のコストであるわけです。

このスマートグリッドは、スマートホームによる市民のライフスタイル変革はもちろんのこと、交通システムなど社会インフラの最適化とも合わせてスマートコミュニティー、スマートシティーの発想につながっていきます。再生可能エネルギーも含めたエネルギーの最適配置にはＩｏＴが不可欠であり、また大規模インフラだけでなく、住民、自治体、そして産業界も欠かせないプレイヤーとなります。

その産業界では、前述のようにインダストリー4・0やインダストリアル・インターネットといった動きが生まれています。産業設備の稼働状況をセンシングし、運用管理やエネルギー管理、メンテナンスなどのマネジメントサービスにも収益の柱をつくろうという試みです。これはいわばスマート製造業の世界であり、IoTによる情報連携の上に成り立ちます。

これらの例で重要なのは、彼らがそのシステムをクローズに自社だけで使おうとしているのではなく、取引先も含めたオープンな情報連携を考えていることです。

交通の例やスマートコミュニティーといった社会インフラの規模になってくると、クローズなプラットフォームでは何も変わりません。利用者連携、事業者連携というスケールを超えてIoTを応用するには、やはりオープンなプラットットフォームが必須になるのです。

企業ビジネスにおけるＩｏＴ取り組みの入り口としては、まずはコスト面での効率化という話がわかりやすいので、そこから着手するのがいいでしょう。すでに多くの事業者や自治体、さらには国レベルでもさまざまな取り組みがスタートしています。企業の将来を見据えると、ここでやらない理由はありません。

プライバシー情報とセキュリティーの問題

総体としてのＩｏＴ社会を実現するためには、情報は家庭の中だけでなく、外の社会においても常に収集しなければならないことはここまで書いたとおりです。

実は日本においては、すでに人間の移動情報に関する民間主導のビッグデータが存在します。ＪＲ東日本の「スイカ（Suica）」やＪＲ西日本の「ＩＣＯＣＡ」、関東私鉄などの「ＰＡＳＭＯ」に代表される交通系ＩＣシステムです。

社会における継続的・持続的な情報収集の手段として、公共交通機関の利用状況、すなわち駅の入退場や移動区間、移動時間などの乗降履歴を記録するこのシステムがきわめて有用であることは容易に理解できるでしょう。これらの交通系システムは電子マネーとしても機能するので、コンビニや自動販売機での購買情報などを記録できる点も大きなアドバンテージです。

自然に収集できるこの膨大な量のデータをＩｏＴ社会に向けて活用しない手はありません。実際にＪＲ東日本は２０１３年、スイカの乗降履歴のうち個人識別につながるパーソナル情報を省いたデータの販売を始めました。

しかし、スイカの利用者やメディアからの反発もあり、わずか1カ月で販売中止に追い込まれました。この件については記憶にある方が多いと思います。

ＪＲ東日本が提供しようとしたビッグデータは、パーソナルな部分をすべて省いているため、実は「個人情報」とはいえません。ところが「情報が漏れる」ことへの一種の不安アレルギーが日本社会には根強くあり、今回の販売中止に帰結しました。この身近なビッグデータは、まだパブリックには十分に活用されない状態に置かれ続けているのです。

日本社会と書きましたが、実は日本に限らず、アメリカでもグーグルの情報収集の姿勢には批判もあります。

本書では情報の重要性を繰り返し指摘してきました。ＩｏＴ社会の前提がオープンな情報であるということも強調しました。

ただ、これは同時に個人のプライバシーや情報セキュリティーの問題をはらんでいることも、避けては通れない事実です。

自分の情報がとられる、情報管理社会になるということに対するアレルギーはたしかにあります。ウェアラブルデバイスなどで常に情報がとられていると聞くだけで危機感を覚える人もいることでしょう。

しかしその一方で、自分の情報が「他者にとられる」ことを警戒する人がＳＮＳで積極的に個人情報（写真なども含め）を公開しているのも現実です。ウェブで「トクをする」サービスのほとんどは、トクをするメリットのバーターとして個人情報を提供しています。

私たちは今後確実に高度情報化社会を迎えます。それは見方によって情報管理社会ともいえますが、一方では情報を公開することによってトクをする社会でもあります。

ＩｏＴの世界では、間違いなく情報をオープンにしていったほうが全体最適という点で意味がありますし、少なくともビジネスの観点から考えると、企業は情報のオープン化を積極的に進めていくべきです。私たち個人も、よほどプライバシーに関わることはともかく、出せる情報は出していったほうが「トクをする」社会がくるのです。

私自身、１９９０年代にインターネットを始めた頃から自分のホームページを開設していましたが、常に実名を出していましたし、自宅の電話番号も載せていました。そこは意識してそうしていました。

リアルなアイデンティティーを前面に出しながらどんどんと情報を出していったほうが、おもしろい展開に遭遇できたからです。問い合わせの電話がかかってきたこともありましたが、それで不快なことが起こるというより、むしろそこから豊かなコミュニケーションが生まれた経験があるのです。

プライバシーをなくせ、などとラジカルなことを言うつもりはまったくありませんし、個人には個人の、企業には企業の秘密はあるものです。しかし情報産業のモデルとしては、やはり発想の転換で、企業も個人も出せるところはオープンにしつつ、オープンとクローズのバランスを考えて臨むほうがトクをする時代が到来しているのです。

リスクをとって未来に向かう

情報をオープンにすることについては、たしかにプライバシーや情報セキュリティーの面も含めて議論があります。それは、いまが明らかに高度情報化社会への過渡期であるからです。

しかし、イノベーションを起こすには、結局、何らかのリスクをとる方向で動くしかありません。新しい事業を立ち上げることはそれ自体リスクですし、当然失敗することもあります。

ＩＴ業界におけるイノベーションは、既存の常識を乗り越えていくところにあります。最近でいえばウーバーやエアビーアンドビーが典型的な例ですが、ＩｏＴの場合も、ある程度のリスクを前提に動かなければ何も得られません。

そのリスクのひとつが「情報をオープンにすること」であるならば、それも将来への投資だと考えていいのではないでしょうか。オープンといっても当然何もかもオープンにするわけではありません。アップルのようにオープンとクローズのバランスをとる姿勢でも、プラットフォーマーとして成功するのですから。

ポジティブにとらえるなら、現在はインターネットという確固たる基盤があるわけですし、そのほかにも新たな事業を起こすためのインフラ、環境、プラットフォームはさまざまに整備されている状況です。そこにオープンを持ち込んで成功する可能性があるなら、チャレンジしてほしいと思います。

というより、今後の社会はIoTという軌道を軸に、さらに劇的に動きます。生き残るためには、もはや待ったなしの状況だといってもいいかもしれません。

これは企業にとっての考え方ですが、もちろん個人としても、新しいライフスタイルを取り入れたいということであれば、むしろそこに積極的に飛び込んでいくしかないのです。

サービスを提供する側とされる側がともにオープンになることで、お互いの顔が見えるようになります。

インターネットの原理はE2E（End to End）だと書きましたが、IoT時代はさらに「情報」を媒介として、F2F（Face to Face）の関係性も生まれます。

人間ひとりひとりの生活に最適化したサービスを提供するＩｏＴの世界観には、間違いなく「顔が見える」という考え方があるのです。

ＩｏＴがこの先、どこへ向かっていくのかといえば、第8章で書いたようにオートメーション（自動化）でしょう。インテリジェント化され、現在よりもはるかに進化したＡＩが活躍する世界です。

オートメーションを実現したＩｏＴは、いつでもどこでもユーザーの要望を的確にとらえ、判断し、それに対する最高の「おもてなし」をインテリジェントにデリバリーしてくれる、まさにＡＩ三河屋のサブちゃんなのです。

おわりに

今日のビジネスの世界で、ＩｏＴは大きな話題になっています。本書も含めたさまざまな書籍やビジネス誌などで、ＩｏＴという単語を見かけない日はないくらいです。その一方で、ＩｏＴの具体例とはなんなのか、個々のビジネスにどのような影響を与えるのか、実感を持てる人はとても限られるのではないでしょうか。

筆者は２０００年代を通して、慶應義塾大学ＳＦＣで今日のＩｏＴの原型と言えるユビキタスコンピューティングの研究を行いました。学術的な研究に加えて、さまざまな企業や行政と共同研究を行い、数多くのＩｏＴシステムのプロトタイプを開発しましたし、事業化の検討も行いました。

しかし、その努力が実って社会で広く利用されることはその頃には残念ながらありませんでした。筆者は業を煮やして、自ら事業会社で製品開発に取り組むことにしました。本書でご紹介したＴＯＮＥモバイルのサービスやＶＲｃｏｎといった事例はそのような活動の中で生まれてきたものです。

このような経験を通して、IoTが社会やビジネスに与えるインパクトを表現したのが、「三河屋さん」というコンセプトです。「サザエさん」の舞台となった戦後の時代には、大量生産／大量消費を特徴とする消費社会が到来しました。製造業や流通業も大手への集約が進み、地域の事業者が廃れていわゆる「シャッター商店街」が生まれました。三河屋さんのように地域に根ざし、磯野家とサブちゃんの間に見られたような継続的な関係を持った事業者は少なくなりました。

その結果として、事業者と消費者の関わりは薄れ、事業者は消費者のニーズをきめ細かに汲み取ることは難しくなりました。その隙間を埋めたのがマスコミュニケーションで、マーケティング情報の大量の露出によって、本当は必要かどうかもわからないモノに対する需要を半ば無理やり喚起するようになりました。

消費者の側も自分の消費している製品やサービスを実際に作っているのがどこの誰で、どのように作っているかに関与できなくなっていきました。その結果、生産拠点における環境破壊や劣悪な労働環境などの倫理的な問題がしばしば見過ごされるようになりました。

ところが、インターネットとウェブが登場すると、事業者と消費者とが直接交流できるようになることで、その関係に影響を及ぼすようになりました。事業者は、消費者の意見や行動のログを収集できるようになったことで、そのニーズを把握しやすくなりました。

一方で消費者も事業者の情報に直接アクセスできるようになり、事業活動が倫理的に行われているかどうかの説明責任も求められるようになりました。インターネットがビジネスに用いられることの意義は、距離や時間を超えて、かつての「三河屋さん」に見られたようなきめ細かなコミュニケーションを実現できることにあります。

ですが、事業者と消費者との交流は、インターネットやウェブといったインフラがあれば直ちに実現できたかというと、そうではありません。双方とも膨大な数が存在するため、お互いを発見してマッチングすることにはそのままでは大きな労力がかかります。

そこで、得たい情報や買いたい商品、交流すべき相手などを整理してマッチングするプラットフォームとしての機能を提供するグーグルやアマゾン、フェイスブックのようなサービスが登場すると、インターネットを利用するうえでなくてはならない入り口となり、大きな収益を上げるようになりました。

インターネットを活用して事業を行う上では、このようなインターネットの持つ経済的な価値と、その中での情報プラットフォームの重要性を無視して成功することは難しいです。それはＩｏＴでも変わりません。

本書でも繰り返し述べてきましたが、ＩｏＴの主語をモノの側に置く限り、インターネットにつなぐことで増す付加価値はたかが知れています。ところが、インターネットに存在する情報プラットフォームが、膨大な数の現実のシーンにある資源にアクセスし、その資源を必要とするシーンで活用することができるタッチポイントを作ると考えると、その価値は個々の機器の持つ価値をはるかに上回るものとなります。さらにそのような資源へのアクセスを、単発ではなく、継続的に行えるようになります。

ウェブと同様、ＩｏＴにもたくさんのビジネスチャンスがあります。その際には、情報プラットフォームに対する立ち位置を意識する必要があります。自ら情報プラットフォームを作ることができればベストですが、当然ながら誰もがそのポジションを得られるわけではありません。情報プラットフォームをうまく活用して自らの持つコンテンツを広く届ける、情報プラットフォームのコンテンツを最大限活用できるようなハードウェアを作るなど、その生態系をいかに自らのビジネスに活用できるか、という姿勢が求められます。

日本は長らく製造業の競争力に強みを持ち、よりよいモノを作るという強いこだわりが広く共有されてきました。ＩｏＴ事業においても、特徴のあるユニークなハードウェアの製造に注目が集まりがちなことに注意が必要です。

本書で述べた通り、ＩｏＴの価値を引き出すためには、できるだけ安価で対象となるあらゆる場所にタッチポイントを作り出すことが求められます。すると、ユニークな付加価値を持って高価なハードウェアではなく、一般的なコンポーネントで低性能で安価に提供でき、情報プラットフォームとスムーズに連携することで、全体として最適なユーザー体験を作り出すような製品設計が求められます。

読者の皆様が、ＩｏＴを活用して社会をよくするイノベーションを実現することを期待しています。

最後になりましたが、口述に基づく本書の原稿化をご担当いただいた斉藤俊明様、また本書の担当編集者の田島孝二様に感謝の意を表します。

満開の桜咲く目黒川のほとりで

児玉　哲彦

参考文献

『融けるデザイン――ハード×ソフト×ネット時代の新たな設計論』渡邊恵太著（ビー・エヌ・エヌ新社、2015）
『インターネット』村井純著（岩波新書、1995）
『人工知能は私たちを滅ぼすのか――計算機が神になる100年の物語』児玉哲彦著（ダイヤモンド社、2016）

●著者プロフィール

児玉哲彦（こだま・あきひこ）

1980 年、東京生まれ。10 代からデジタルメディアの開発に取り組む。慶應義塾大学湘南藤沢キャンパスにてモバイル /IoT の研究に従事、2010 年に博士号 (政策・メディア) 取得。頓智ドット株式会社にて 80 万ダウンロード超のモバイル地域情報サービス「tab」の設計、フリービット株式会社にてモバイルキャリア「フリービットモバイル」(現トーンモバイル) のブランディングと製品設計に従事。2014 年には株式会社アトモスデザインを立ち上げ、ロボット /AI を含む IT 製品の設計と開発を支援。電通グループ / ソフトバンクグループのような大手からスタートアップまでを対象に幅広い事業に関わる。現在は外資系 IT 大手にて製品マネージャーを務める。

●執筆協力

斉藤俊明（さいとう・としあき）

1992 年毎日新聞社入社。1998 年に独立してフリーライター・校閲。IT・ビジネス・環境関連や旅行・世界遺産関連の執筆を手がけるほか、書籍や雑誌等の校閲・校正にも携わる。

マイナビ新書

IoTは"三河屋さん"である
IoTビジネスの教科書

2017年4月31日　初版第1刷発行

著　者　児玉哲彦
発行者　滝口直樹
発行所　株式会社マイナビ出版
〒101-0003　東京都千代田区一ツ橋2−6−3　一ツ橋ビル2F
TEL 0480-38-6872（注文専用ダイヤル）
TEL 03-3556-2731（販売部）
TEL 03-3556-2736（編集部）
E-Mail pc-books@mynavi.jp（質問用）
URL http://book.mynavi.jp/
装幀　アピア・ツウ
DTP　富宗治
印刷・製本　図書印刷株式会社

　ISBN978-4-8399-6305-7
Printed in Japan

勝てる「資料」をスピーディーに作るたった1つの原則
喜多あおい

資料は読ませるな！　勝てる資料には共通項があります。テレビ番組リサーチャーの第一人者が「勝てる」資料をスピーディーに作成するテクニックを指南します。

ストレスの9割はストレッチで消せる
山内英嗣

心に大きな負担がかかると、胃が痛くなったり、頭痛がしたり、体調を崩してしまう人もいます。しかし、身体的な負担を取り除くことで、心を元気にすることもできます。

お墓の未来
島田裕巳

都会に家を建てて実家のお墓に困っている人が増えています。お墓は私たちにとってやっかいな問題になりつつあります。そんな問題の根本を、宗教学者の島田先生が分析します。

不良在庫は宝の山
竹内唯通

世の中には、不良在庫から大ヒットした商品はたくさんあります。そのようなヒット商品例やマーケッターたちの手法から判明した、不良在庫を一掃する方法を解説します。

グチの教科書
原祐美子

グチには正しいグチと悪いグチがあります。悪いグチを減らして、良いグチを増やすことで、ビジネスがうまくいき、人間関係がスムーズになり、人生が豊かになります。

声を変えるだけで仕事がうまくいく

秋竹朋子

声が変わると仕事がうまくいきます。人気ボイストレーナーの著者がビジネスパーソンの「声の悩み」を解決する一冊です。今日からあなたの声は変わります！

オレンジこそ最強の色である

七江亜紀

初対面で好印象を与えたい！　ブレスト会議を活性化させたい！　部下のマネジメントに悩んでいる……そんな悩みを、「色」で解決することができます。

答えは「京都」にある

放生勲

悩んだら京都に行け！　人付き合いがうまくいかない、思ったような成果が出ない、自信が持てない、漠然とした不安を感じる――そんな悩みも京都が解決してくれる!!

マーケティングの必勝方程式　確率で組み立てる成功のシナリオ

寺澤慎祐

本書は最も大きな成果を出す確率が高いマーケティング手法の選択方法について解説する一冊です。数学が苦手な人でもわかりやすいように、要点を絞って解説しています。

対人関係のイライラは医学的に9割解消できる

松村浩道

対人関係のイライラを我慢したり、怒りをぶつけたりしているだけではイライラは解消されません。本書では、イライラの本質的な解決策を専門家が解説します。

科学的トレーニングで英語力は伸ばせる！

田浦秀幸

英語習得に必要なのは、正しい学習法です。第二言語習得研究でわかった、科学的な英語学習で効率的、効果的に学ぶ方法を言語教育情報研究の第一人者が解説します。

議員の品格

岸井成格

政治記者という立場から、「品格」を失った国会議員を大量に生み出す選挙制度の問題点に切り込み、はじめて選挙を向かえる若い人や候補者選びに悩む人のガイドとなります。

モーツァルトのいる休日

石田衣良

クラシックをもっと身近に感じるために。モーツァルト生誕２６０周年、作家・石田衣良氏がモーツァルトの魅力、ご自身の作品や人生に与えた影響などを語ります。

捜査一課のメモ術

久保正行

捜査一課でのメモの取り方、資料の使い方、整理の仕方などを、元・警視庁捜査第一課長が、自身の経験をもとに現場で培われたノウハウを解説します。

東京の大問題！

佐々木信夫

東京オリンピック、築地市場移転、東京都知事選、都議会など、東京都の行政にかかわる話題に事欠きません。都庁、都議会、都知事も含め、「東京」について解説します。

マイナビ新書の好評既刊

自動運転でGO!
クルマの新時代がやってくる

桃田健史：著

ISBN：978-4-8399-6257-9

内容紹介：

近未来の車として注目が集まる「自動運転」ですが、世界の主要な自動車メーカーや、IT企業のグーグルやアップルも参入し、自動運転のデファクトスタンダード競争が世界規模で激しさを増しています。

また、近年多発している高齢ドライバーによる事故の軽減を目指し、完全自動運転についての動きが加速している状況です。

自動車産業の歴史のなかで、自動運転は最大級のトピックであり、製造や販売の面で自動車産業の構造を大きく変える影響力を持つことになります。

本書では、激動期を迎えた自動運転について、まだまだ知られていない、目からウロコが落ちるような「自動運転の未来」を紹介します！

※電子書籍版も発売中！